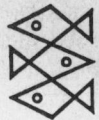

W0049476

FISCHER LOGO
für den Spielraum im Kopf
Ein Kaleidoskop logischer Unterhaltung,
rätselhafter Spiele
und verständlich verfaßter Wissenschaft

Christopher P. Jargocki

Warum man auf sehr kaltem Eis schlecht Schlittschuh laufen kann

Verblüffende Rätsel aus der Physik des Alltags

Aus dem Amerikanischen
von Dr. Klaus Volkert

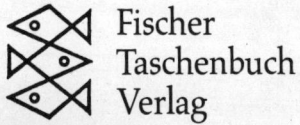

Fischer
Taschenbuch
Verlag

Deutsche Erstausgabe

Veröffentlicht im Fischer Taschenbuch Verlag GmbH,
Frankfurt am Main, April 1989

Die Originalausgabe ›Science Brain Twisters, Paradoxes, and Fallacies‹
erschien im Verlag Charles Scribner's Sons, New York
Copyright © 1976 Christopher P. Jargocki
Für die deutsche Ausgabe
© 1989 Fischer Taschenbuch Verlag GmbH, Frankfurt am Main
Umschlaggestaltung: Manfred Walch, Frankfurt am Main
unter Verwendung einer Computergrafik aus:
›Computer Graphics in Japan‹, Tokyo, 1985
Gesamtherstellung: Clausen & Bosse, Leck
Printed in Germany
ISBN 3-596-28707-3

Für meine Mutter

Inhalt

Vorwort

Dieses Buch enthält mehr als 160 Rätsel, die auf wissenschaftlichen Prinzipien beruhen – und ihre detaillierten Lösungen. Die gestellten Probleme behandeln Themen wie Raum und Zeit, Mechanik, Flüssigkeiten und Gase, Autos, Flugzeuge, Sportwissenschaften, Schall, Hitze, Elektrizität und Magnetismus, Radio und Fernsehen, das Wetter, die Astronomie und die Raumfahrt.

Die Verblüffungen sind von dreierlei Art. Da sind zum einen die Kopfnüsse: Ein Eimer Wasser wird auf eine Waage gestellt. Ändert sich deren Anzeige, wenn man einen Finger in das Wasser taucht, ohne den Eimer zu berühren? Dann gibt es die Paradoxien: Warum beschleunigen professionelle Rennfahrer, wenn sie durch eine Kurve fahren? Und schließlich die Fangfragen: Was ist schwerer, trockene oder feuchte Luft?

Wie diese Beispiele vielleicht zeigen, enthalten die meisten Rätsel ein überraschendes Moment: Die überraschenden Beziehungen zwischen den Vermutungen des gesunden Menschenverstandes und der wissenschaftlichen Realität bilden das immer wiederkehrende Thema des gesamten Buches.

Hinsichtlich ihrer Schwierigkeit reichen die Rätsel von einfachen Fragen mit Hintergedanken bis hin zu subtilen Problemen, die umfangreiche Überlegungen erfordern. Die meisten Rätsel sind unmathematisch; sie erfordern lediglich eine qualitative Anwendung der großen physikalischen Prinzipien. Sie sollen alle dem Leser zu einer erweiterten physikalischen Intuition und zu einer vertieften Einsicht in seine Umwelt verhelfen. Versteht man die vorliegenden verzwickten Probleme, so sollte der Rest der klassischen Physik erheblich leichter werden.

Einige der Probleme stammen nicht von mir. Ihre Autoren sollen an dieser Stelle genannt werden: Nr. 1 stammt von D. W. Tomer, Nr. 21 wird Lewis Carroll zugeschrieben, Nr. 28 geht auf Richard M. Sutton und Nr. 32 auf Sir Arthur Schuster zurück.

Viele haben mir bei der Abfassung dieses Buches geholfen. Mein besonderer Dank gilt C. L. Stong von der Zeitschrift *Scientific American* für sein Bemühen, das Manuskript auf einen vertretbaren Umfang zu reduzieren, und für zahlreiche wertvolle Verbesserungsvorschläge sowie wertvolle Kritik. Dankbar bin ich auch meiner Mutter Stefania Vcala für ihre Ermutigung und ihre Hilfe bei der Beschaffung wichtiger Quellen. Kristania Gubanski und Mark Pilate haben mich bei den für dieses Buch erforderlichen Untersuchungen unterstützt. Susan Isaac hat den größten Teil des Manuskriptes getippt. Last, but not least möchte ich meiner Frau Krystyna danken für ihre Unterstützung. Sie schuf eine Umgebung für mich, in der ich meine ganze Zeit auf das Schreiben verwenden konnte.

Die Fragen

1. Eine Raum-Zeit-Odyssee

1.

Stellen Sie sich eine Kugel mit dem Durchmesser d vor. Das Verhältnis von Oberfläche zu Rauminhalt ist im vorliegenden Fall

$$\frac{\pi\, d^2}{\frac{1}{6}\,\pi\, d^3} = \frac{6}{d}.$$

Nun stelle man sich einen Würfel der Kantenlänge d vor. Bei ihm beträgt das Verhältnis von Oberfläche zum Rauminhalt

$$\frac{6\, d^2}{d^3} = \frac{6}{d}.$$

Es stellt sich heraus, daß das Verhältnis von Oberfläche und Rauminhalt bei der Kugel und beim Würfel dasselbe ist. Andererseits wird behauptet, das Verhältnis von Oberfläche zu Rauminhalt nehme im Falle der Kugel seinen kleinstmöglichen Wert an. Was geht hier vor?

2.

Zwei kugelförmige Quecksilbertropfen verschmelzen zu einem einzigen. Dieser ist wärmer als die beiden Ausgangstropfen. Warum?

3.

Die Abbildung auf Seite 14 zeigt zwei formgleiche Blätter. Der Abstand zwischen Spitze und Stiel ist in (b) dreimal größer als der entsprechende Abstand in (a). Aus Gründen der Einfachheit wollen wir annehmen, daß beide Blätter eben seien. Läßt sich unter dieser Voraussetzung etwas über das Verhältnis ihrer Flächeninhalte aussagen?

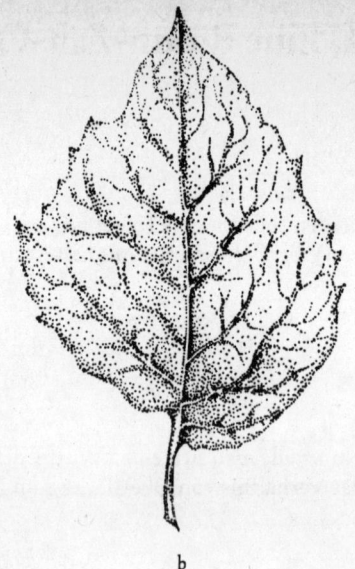

a   b

4.

Sie entschließen sich, einen Zaun um eine möglichst große rechteckige
Fläche zu bauen. Zur Verfügung stehen Ihnen 20 m Zaun. Wie sollte das
Verhältnis von Länge und Breite beschaffen sein?

5.

Die zwischen zwei punktförmigen Massen wirkende Gravitationskraft
hängt ab vom Reziproken des Quadrates der Entfernung dieser beiden
Massen:

$$F = G \, \frac{m_1 \cdot m_2}{r^2}$$

Auch die Kraft zwischen zwei ruhenden elektrischen Ladungen hängt
vom Reziproken des Quadrates der Entfernung ab; dasselbe gilt für Be-
leuchtungsstärke und Schalldruck. Warum hat diese Form von Abhän-
gigkeit einen derart umfassenden Anwendungsbereich?

6.

Welches war der erste Tag des 20. Jahrhunderts?

7.

Ein Mensch feiert seinen 29. Geburtstag. Wie alt ist dieser Mensch?

8.

Es ist Ende Juni. Eine Gruppe von Pfadfindern auf einer Wanderung irgendwo im Staat New York findet den Rückweg zum Lager nicht mehr. Es entbrennt ein Streit darüber, ob man in der Nacht irgendwo lagern oder lieber bis in die Nacht weitersuchen sollte. Die Entscheidung wird von der Uhrzeit abhängig gemacht. Niemand trägt aber eine Uhr bei sich. Glücklicherweise ist einer der Pfadfinder Amateurastronom. Ein Blick auf den Mond, der im ersten Viertel steht, sagt ihm, daß dieser etwa zwei Drittel seines Weges hinab zum Horizont bereits zurückgelegt hat. Er erinnert sich auch daran, daß die Sonne Ende Juni in dieser Gegend etwa um 19 Uhr 30 untergeht. Mit Hilfe dieser Informationen berechnet er ganz schnell die Uhrzeit.
Wie hat er das angestellt, und zu welchem Ergebnis kam der Amateurastronom?

9.

Warum haben Sanduhren eine sich nach unten hin verjüngende, »stundenglasförmige« Gestalt?

10.

Läuft Ihre mechanische Uhr schneller oder langsamer, wenn Sie sie auf Ihre Bergtour zum Gipfel mitnehmen mitnehmen?

2. Freier Fall & andere Bewegungen

11.

Kann der abgebildete Mann sich mitsamt der Platte selbst hochheben?

12.

Läßt sich ein Kinderwagen, dessen Räder 60 cm Durchmesser haben, besser schieben als einer mit 30 cm großen Rädern?

13.

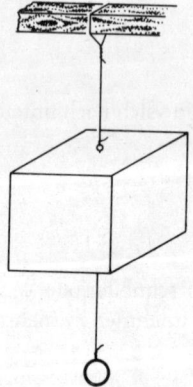

Die Zeichnung zeigt einen schweren Körper, der an einem dünnen Draht aufgehängt ist. Ein leichter Ring ist mit einem ähnlichen Faden an dem

Körper befestigt. Was geschieht, wenn man 1) den Ring langsam nach unten zieht; 2) den Ring plötzlich und unvermittelt nach unten reißt?

14.

Ziegelsteine werden aufeinandergeschichtet, und zwar so, daß jeder Stein über dem darunterliegenden so weit als möglich vorsteht (natürlich ohne herunterzufallen). Ist es möglich, daß der oberste Stein um mehr als eine ganze Steinlänge über den untersten hinausragt?

15.

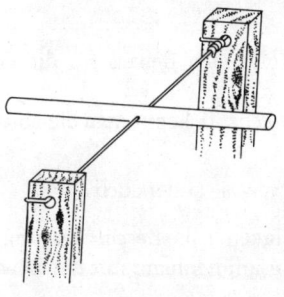

Ein Eisenstab kann um eine dünne Achse durch ein Loch, das genau im Mittelpunkt des Stabes liegt, frei rotieren (vergleiche Abbildung). In welcher Lage wird der Stab zur Ruhe kommen, wenn man ihn anschubst?

16.

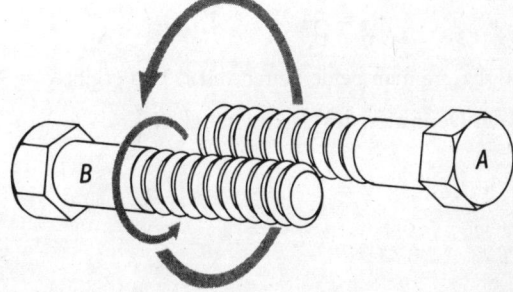

Die Zeichnung oben zeigt zwei gleichartige Schrauben. Diese werden so zusammengehalten, daß die Gewinde ineinandergreifen. Während Schraube A festgehalten wird, wird Schraube B in der angedeuteten Weise gedreht. (Man achte darauf, daß die Schrauben sich nicht noch andersartig in der Hand bewegen.) Werden die Köpfe der Schrauben sich dabei näher kommen, rücken sie auseinander oder bleibt ihr Abstand unverändert?

17.

Was ist effizienter: Mit der gleichen Kraft einen Schubkarren zu schieben oder einen Schubkarren zu ziehen?

18.

Was ist an dem nachfolgenden Beweis für die Gleichung 1 = 2 verkehrt?
Aus der elementaren Mechanik kennt man die Formel

$$v = a \cdot t \text{ oder auch } a = \frac{v}{t} \, ,$$

wobei v die Geschwindigkeit, a die Beschleunigung und t die Zeit bedeutet. Eine andere, im Zusammenhang mit der Bewegung wohlbekannte Formel ist

$$s = \frac{1}{2} a \cdot t^2 \text{ oder auch } a = \frac{2s}{t^2} \, .$$

Dabei steht s für den zurückgelegten Weg. Setzt man die beiden Ausdrücke für a gleich, so erhält man

$$\frac{v}{t} = \frac{2s}{t^2} \, .$$

Nun multipliziere man beide Seiten mit t. Das ergibt $v = \frac{2s}{t}$. Nun ist aber nach der Definition der Geschwindigkeit $\frac{s}{t} = v$.
Also gilt:

$$v = 2 \left(\frac{s}{t}\right) = 2v$$

und somit

$$1 = 2 \, .$$

19.

Ein langes Seil läuft über eine Rolle. An dem einen Ende des Seils hängt ein Büschel Bananen. Ein Affe desselben Gewichtes hält das andere Ende

fest. Was geschieht mit den Bananen, wenn der Affe beginnt, an dem Seil hochzuklettern?
(Dabei darf man das Gewicht der Rolle und des Seiles sowie die Reibung vernachlässigen.)

20.

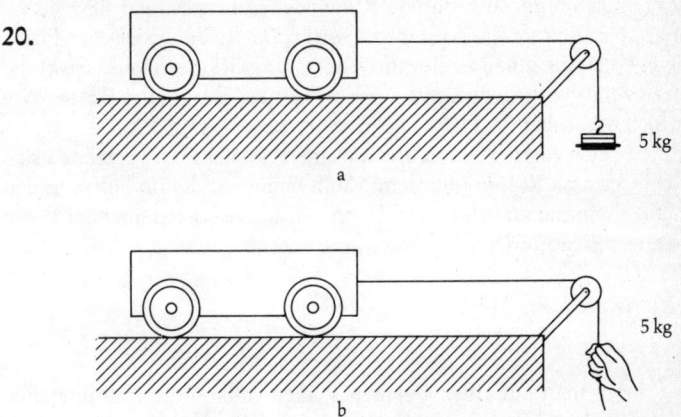

Die beiden abgebildeten Wagen haben gleiche Massen und werden beide von einer Gewichtskraft von 5 kg beschleunigt. Allerdings wird Wagen a langsamer beschleunigt als Wagen b. Dies scheint dem zweiten Newtonschen Axiom zu widersprechen, denn nach diesem beschleunigen gleiche Kräfte gleiche Massen gleichschnell.
Wie kann man sich aus diesem Paradoxon befreien?

21.

Ein Mann steht auf einer hölzernen Platte und schlägt mit einem schweren Vorschlaghammer gegen die eine Seite dieser Platte. Wahrscheinlich haben Sie etwas Ähnliches einmal als Kind gemacht und dabei festgestellt, daß man sich so auf dem Boden fortbewegen kann.

Widerspricht dies nicht dem ersten Newtonschen Axiom? Ein Körper beharrt so lange im Zustand von Ruhe oder gleichförmiger Bewegung, solange keine äußere Kraft auf ihn einwirkt. Die Reibung zwischen Platte und Boden ist die einzige relevante Kraft. Unglücklicherweise wirkt die Reibungskraft entgegengesetzt zur Bewegungsrichtung der Platte. Wie kann sich dann aber die Platte vorwärtsbewegen?

Man stelle sich vor, der Mann und die eine Seite der Platte befänden sich in einem großen Kasten (der dem Mann genügend Raum läßt, um den Vorschlaghammer zu betätigen). Dann würde der Kasten über der Platte ohne ersichtliche äußere Hilfe vorwärtsrücken.

22.

Selbst wenn man auf einer genauen Waage vollkommen ruhig stehen könnte, würde der Zeiger der Waage um einen Durchschnittswert oszillieren. Warum?

23.

Angenommen, Sie werfen einen Stein senkrecht nach oben. Dieser erreicht nach drei Sekunden seine maximale Höhe. Wie lange braucht der Stein unter Berücksichtigung der Luftreibung, um an seinen Ausgangspunkt zurückzukehren: weniger als drei Sekunden, genau drei Sekunden oder mehr als drei Sekunden?

24.

Man nehme zwei gleiche Steine. Den einen lasse man aus einer bestimmten Höhe über dem Erdboden herunterfallen, während man gleichzeitig den anderen Stein vom selben Ausgangspunkt aus so weit als möglich wegwirft. Welcher Stein erreicht zuerst den Boden: 1 unter Vernachlässigung der Luftreibung, 2 unter Berücksichtigung derselben?

25.

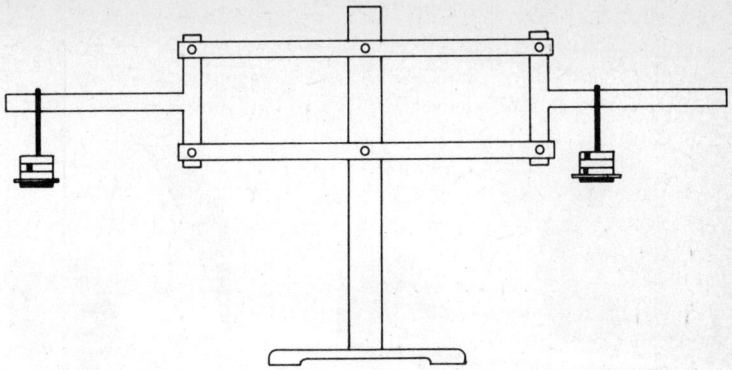

Die beiden abgebildeten Gewichte sollen gleich schwer sein. Sie können auf horizontalen Stäben, die an einer Art Gelenkviereck befestigt sind, frei gleiten. Das Gelenkviereck ist so konstruiert, daß die vertikalen Verbindungen immer vertikal und die längeren Seiten immer parallel bleiben, gleichgültig, in welche Richtung sich das System neigt. Das Gewicht zur Linken wurde soeben weiter nach außen geschoben als das zur Rechten. Welches Ende wird nach unten gehen? Gar keines?

26.

Einige einfache Experimente:
1) Man nehme einen Zollstock und einen schweren Gegenstand (zum Beispiel einen Stein oder einen Briefbeschwerer). Den Gegenstand lege man auf das rechte Ende des Zollstocks. Dann halte man den Stock mit Hilfe der Zeigefinger horizontal. Nun lasse man beide Enden gleichzeitig los: Stein und Stock fallen zusammen.
2) Nun wiederhole man das Experiment, halte allerdings den Zeigefinger der linken Hand unter das eine Ende des Zollstocks. Dann lasse man das rechte Ende des Stockes los. Dieses dreht sich dann gezwungenermaßen im Fallen um den linken Zeigefinger. Nun wird man bemerken, daß der Stock schneller fällt als der Gegenstand. Weil der Gegenstand gemäß der Fallbeschleunigung g fällt, muß die Beschleunigung des Stockes größer als g sein. Wie ist das möglich?

3. Aquarien, Ballons & Kaffeekannen: Flüssigkeiten & Gase

27.

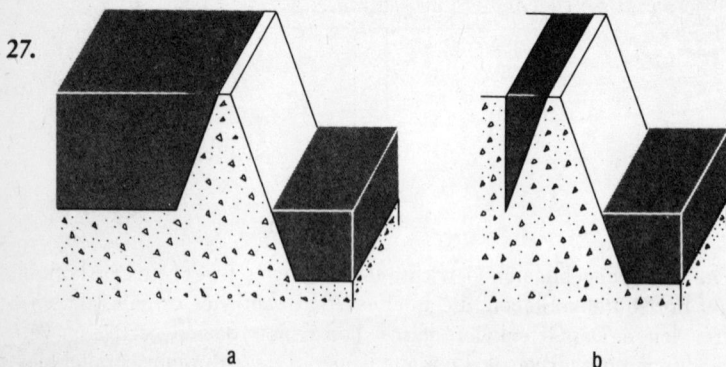

a   b

Die Abbildung zeigt zwei aufgestaute Wasserreservoirs derselben Tiefe und Breite, beide mit Wasser gefüllt. Das eine ist, sagen wir, ein Kilometer lang, das andere sehr kurz. Dennoch weisen beide am Ende dasselbe Dreieck als Schnittfläche auf. Der Damm in (a) muß eine riesige Wassermenge zurückstauen, der Damm in (b) nur eine vergleichsweise kleine. Muß Damm (a) stärker sein als Damm (b)?

28.

Das oben abgebildete Gefäß wurde mit Wasser gefüllt und mit einem Gummistopfen, durch den ein Strohhalm führt, verschlossen. Ist es möglich, Wasser durch den Strohhalm aus dem Gefäß zu saugen?

29.

Ein Eimer Wasser wird auf die eine Schale einer Balkenwaage gestellt. Ein gleichgroßes Gewicht wird dann auf die andere Waagschale gelegt. Wird das Gleichgewicht gestört, wenn man einen Finger in das Wasser steckt, ohne dabei den Eimer zu berühren?

30.

Was ist an dem untenstehenden Beweis für die Identität von Wasserstoff und Chlor falsch?

$$H_2 + Cl_2 = 2\,HCl$$
ist gleichbedeutend mit
$$HH + ClCl = 2\,HCl;$$
hieraus ergibt sich durch Umstellung
$$HH - 2\,HCl + ClCl = 0.$$
Nach der zweiten binomischen Formel ist das äquivalent zu
$$(H - Cl)^2 = 0;$$
also gilt $\qquad\qquad H - Cl = 0$
und damit $\qquad\qquad H = Cl.$

31.

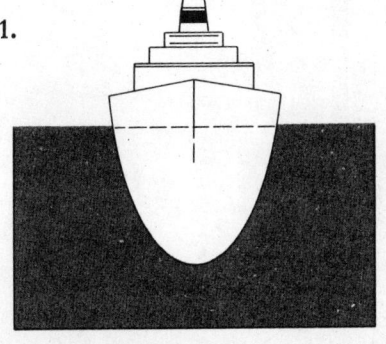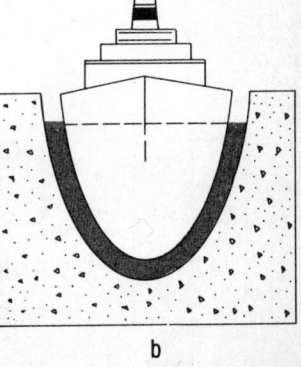

a   b

Die Abbildung (a) zeigt ein Passagierschiff auf hoher See. Es wiegt 50000 Tonnen. Nun stelle man sich (b) vor, daß dieses Schiff langsam in ein Trockendock abgelassen wird, das dieselbe Form wie das Schiff hat, allerdings etwas größer, und mit Wasser gefüllt ist. Wenn das Schiff abgelassen wird, wird das Wasser so lange aus dem Dock verdrängt, bis nur noch eine dünne Wasserschicht übrigbleibt, die sich zwischen dem Schiffsrumpf und der Dockwand befindet.

Schwimmt das Schiff auf dem restlichen Wasser, oder wird es den Boden berühren und das verbliebene Wasser auch noch verdrängen?

32.

Ein mit Quecksilber gefülltes Barometerrohr wird an einer Federwaage aufgehängt. Zeigt die Waage das Gewicht des Rohres allein oder das Gewicht des Rohres plus Gewicht des Quecksilbers an?

33.

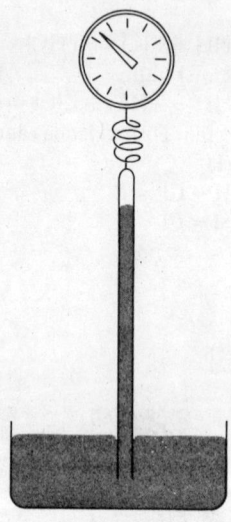

Kann ein trockener Plastikschwamm mehr Wasser aufsaugen, als sein Volumen groß ist?

34.

Wenn ein Unterseeboot auf Lehm- oder Sandboden aufläuft, kann es geschehen, daß es »festklebt«. Woran liegt das?

35.

Was wiegt mehr – ein Pfund Federn oder ein Pfund Eisen? (Die Antwort, daß sie beide gleich viel wiegen, ist nicht zugelassen.)

36.

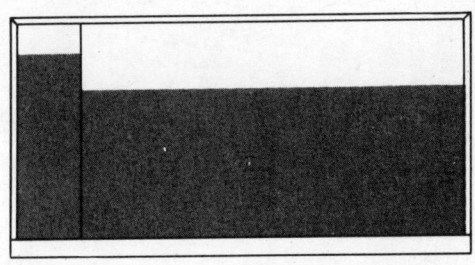

Ein Aquarium ist in eine sehr große und eine sehr kleine Abteilung getrennt. Die vertikale Abtrennung besteht aus dünnem Gummi. Im kleinen Abschnitt steht das Wasser höher als im großen. Nach welcher Seite wird sich die Membran, falls überhaupt, wölben?

37.

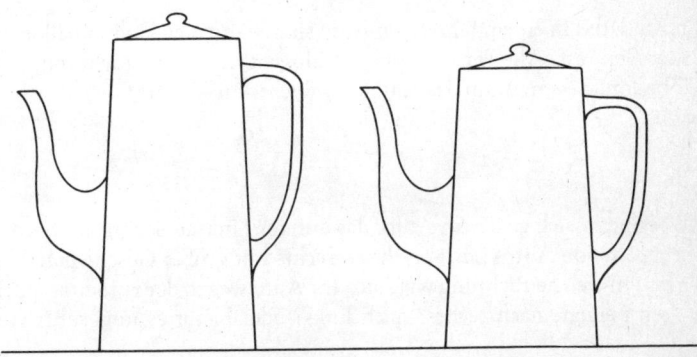

Sie sehen hier zwei Kaffeekannen, deren Querschnittsflächen in jeder Höhe gleich sind. Die erste ist aber höher als die zweite. Welche der beiden Kannen faßt mehr Kaffee? Oder fassen beide gleich viel?

38.

Ein Stückchen Holz schwimmt in einem mit Wasser gefüllten Glas. Das Glas steht in einem Aufzug. Wird das Holzstückchen weiter aus dem Wasser ragen, wenn der Aufzug sich mit einer Beschleunigung $a < g$ nach unten zu bewegen beginnt?

39.

An einem heißen Sommertag sehen Sie einen Ballon horizontal vorbeifliegen. Spüren seine Insassen den Wind?

40.

Man stelle einen bis an den Rand mit Wasser gefüllten Eimer auf eine Waagschale einer Balkenwaage. Auf die andere Waagschale stelle man genau den gleichen, ebenfalls bis an den Rand mit Wasser gefüllten Eimer. Allerdings schwimmt im letzteren ein Stückchen Holz. Ist der zweite Eimer leichter als der erste?

41.

Ein Kind, das in einem fahrenden Auto sitzt, hält einen Heliumballon an einem Seil fest. Alle Fenster sind geschlossen. In welche Richtung wird der Ballon fliegen, wenn das Auto eine Rechtskurve fährt?

42.

Sie befinden sich in einem Auto, das auf der Linksabbiegerspur wartet. Ein Strom von Autos fährt an Ihnen rechts mit großer Geschwindigkeit vorbei. In welche Richtung wird sich Ihr Auto wegen der vorbeirasenden Wagen neigen: nach rechts? nach links? oder bleibt es ungerührt stehen?

43.

Was ist schwerer: feuchte oder trockene Luft?

44.

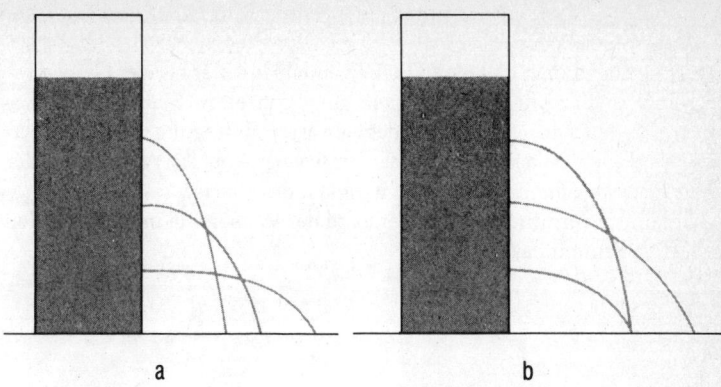

a   b

Eine Wasserkanne hat drei Löcher. Diese haben alle zueinander denselben Abstand; das mittlere Loch befindet sich genau in halber Höhe der Kanne. Die obige Abbildung zeigt zwei Möglichkeiten, wie das Wasser aus der Kanne fließen könnte. Welche ist zutreffend?

45.

Man zielt gewöhnlich mit einem Pfeil in einem gewissen Winkel über den Horizont. Dann schießt man ihn mit dem Bogen ab. Auf geheimnisvolle Weise gelingt es dem Pfeil, sich im Flug so zu neigen, daß er immer tangential zur Flugparabel fliegt und schließlich den Fußpunkt mit der Spitze zuerst trifft. Wie ist das möglich?

46.

Beobachtet man Flöße, die einen Fluß hinunterfahren, so bemerkt man, daß die Flöße in Flußmitte schneller schwimmen als die in Ufernähe. Schwerbeladene Flöße schwimmen ebenfalls schneller als leichtbeladene. Warum ist das so?

47.

Das folgende Problem ist unter dem Namen *Dubuats Paradoxon* bekannt:

Angenommen, man hält einen Stab in einen Fluß, der mit der Geschwindigkeit v fließt. Anschließend zieht man denselben Stab mit der Geschwindigkeit v durch ein stehendes Gewässer. Bewegung ist immer relativ. Also spielt es keine Rolle, was sich bewegt – ob das Wasser oder der Stab –, solange die Relativgeschwindigkeit dieselbe ist.

Man könnte vermuten, der Widerstand des Wassers sei in beiden Fällen derselbe. Stimmt das?

4. Irdische Reisen

48.

Kraftfahrzeugingenieure behaupten oft, daß die Vorderräder eines herkömmlichen Autos eine bessere Bremswirkung hätten als die Hinterräder. Bei vielen Autos sind die vorderen Bremsen größer und stärker ausgelegt, oft handelt es sich um Scheibenbremsen. Letztere erhitzen sich nicht so leicht wie Backenbremsen – vorausgesetzt, man setzt sie der kühlenden Luft aus – und bewahren deshalb ihre Bremskraft länger. Worauf beruht dieses Vertrauen in die Vorderräder?

49.

Sie fahren mit hoher Geschwindigkeit auf der Autobahn. Plötzlich fällt ein großer Stein von einem beladenen Lastwagen herunter und bleibt in Ihrer Fahrrichtung, 120 m vor Ihnen, liegen. Sie treten scharf auf die Bremse, und Ihr Wagen beginnt quietschend zu schleudern. Während sich Ihr Auto langsam an den Brocken heranarbeitet, machen Sie sich Gedanken über eine Theorie, die erklärt, warum die Kühlerhaube Ihres Autos sich tief nach unten neigt, wenn Sie in die Bremsen steigen. Haben Sie eine Idee?

50.

Die meisten unter uns haben in ihrer Kindheit mit Modellautos gespielt. Stellen Sie sich vor, Sie hätten zwei gleich aussehende Modellautos, nur sei das eine weiß, das andere schwarz. Sie blockieren die Vorderräder des weißen Autos und die Hinterräder des schwarzen – beispielsweise, indem Sie ein Stück Papier zwischen Räder und Karosserie klemmen. Dann lassen Sie beide Wagen eine glatte Bahn hinabfahren. Können Sie sagen, was geschehen wird? Werden beide Autos oder wenigstens eins von beiden mit der Kühlerhaube nach vorne herunterrutschen?

51.

Die Gebrauchsanweisungen unserer Autos empfehlen uns, den Motor unseres Wagens als »zweite Bremse« zu benützen, wenn wir eine lange und starke Steigung hinabfahren. Weiter behaupten die Gebrauchs-anweisungen, daß die Bremskraft im zweiten Gang größer als in den höheren Gängen sei und im kleinsten Gang am allergrößten.
Warum?

52.

Ein Auto, das mit 120 km/h über eine ebene Straße rollt, wird im Leer-lauf ohne Bremsen seinem Schicksal überlassen. Trotz Luftwiderstand, Bremseffekt der Maschine und Reibungswiderstand der Straße hat der Wagen nach 1,5 km immer noch eine Geschwindigkeit von 25 km/h. Dies zeigt, wie klein der Rollwiderstand im Vergleich zum Gleitwider-stand ist. Warum ist der erste so klein?

53.

Dampflokomotiven und elektrische Autos brauchen kein Wechsel-getriebe, wohl aber Autos, die von einem Verbrennungsmotor angetrie-ben werden. Warum ist das so?

54.

Es klingt befremdlich, ist aber dennoch wahr: Profirennfahrer beschleu-nigen, wenn sie um eine Kurve fahren. Warum?

55.

Der Zweck des Reifenprofils ist es, die Reifenhaftung auf der Straße zu vergrößern. Wenn Sie dieser Feststellung zustimmen, beantworten Sie bitte die folgenden beiden Fragen:
1) Warum bevorzugen Rennfahrer Reifen ohne jedes Profil?
und
2) Warum sieht man bei Bremsspuren kein Profil?

56.

Stellen Sie sich vor, zwei gleichartige Autos A und B stoßen frontal zusammen. Weiter gilt:

1. Wagen A und Wagen B haben beide eine Geschwindigkeit von 50 km/h.
2. Wagen A fährt 85 km/h, Wagen B 15 km/h.
3. Wagen A fährt 100 km/h, aber Wagen B steht.

Die Relativgeschwindigkeit der beiden Autos beträgt in allen drei Fällen 100 Kilometer pro Stunde. Wird der Schaden deshalb in allen drei Fällen derselbe sein?

57.

Ein Wagen fährt mit hoher Geschwindigkeit nach Norden. An einem Autobahnkreuz biegt der Fahrer scharf nach Osten ab, ohne zu bremsen. Falls ein Paar von Rädern dabei überhaupt vom Boden abhebt, sind es dann die Räder, die sich (bezüglich der Kurve) innen befinden – oder sind es die äußeren?

58.

Herr X fährt schnell. Ein starker Wind bläst von links, aber glücklicherweise ist die Straße trocken, so daß sein Wagen problemlos in der Spur bleibt. Plötzlich wird der Fahrer vor Herrn X langsamer und zwingt ihn, in die Bremsen zu steigen. Herr X bremst zu scharf, die Räder blockieren und rutschen über die Autobahn. Unerwarteterweise drückt nun der Wind mit Leichtigkeit das Auto in die nächste Spur zur Rechten – gerade so, als habe sich die Straße in Glatteis verwandelt. Warum kann ein nach vorne rutschender Wagen einer seitlich einwirkenden Kraft wie dem Wind nicht widerstehen?

59.

Sie fahren schnell auf einer Seitenstraße dahin. Diese endet in einer T-förmigen Einbiegung auf einer Bundesstraße. Auf der gegenüberliegenden Seite der Bundesstraße befindet sich eine Wand. Kein Auto ist weit und breit zu sehen. Was sollten Sie tun, um den Zusammenstoß mit der

Wand zu vermeiden – geradewegs daraufloßfahren und gleichzeitig so stark als möglich bremsen – oder eine Linkskurve fahren (als wollten Sie in die Bundesstraße einbiegen) und dabei die Reibung so intensiv wie möglich ausnutzen, um eine entsprechend große Zentripetalbeschleunigung zu erzielen?

60.

Ein Auto fährt die erste Hälfte einer Strecke mit 50 km/h. Wie schnell muß es die zweite Hälfte durchfahren, um eine Gesamtdurchschnittsgeschwindigkeit von 100 Kilometern pro Stunde zu erzielen?

61.

alter Siedlerwagen

Vorderrad eines modernen Fahrrades

Vergleichen Sie die abgebildeten Räder. Beim modernen Fahrrad sind die Speichen tangential an die Nabe montiert, während sie beim Conestoga-Wagen radial angebracht sind. Warum?

62.

Im Zeitalter der Pferdekutschen versuchten Künstler, Radbewegungen darzustellen, indem sie unterhalb der Achse wohlunterschiedene Speichen malten, während sie sie oberhalb der Achse verschwommen zeichneten. Bewegt sich die obere Hälfte eines laufenden Rades tatsächlich schneller als die untere?

63.

Warum gerät man so leicht ins Rutschen, wenn man eine glatte Steigung hinabfährt?

5. Athleten im Lehnstuhl

64.

Hebt man einen schweren Koffer hoch und hält man ihn eine Zeitlang frei in der Hand, so beginnt man zu zittern, zu schwitzen und schwer zu atmen, als wäre man eine Treppe hinaufgerannt. Wenn jedoch – wie die Physik das behauptet – Arbeit gleich Kraft mal Weg ist, haben Sie beim Halten des Koffers keinerlei Arbeit verrichtet. Man könnte Sie ebensogut durch einen Tisch ersetzen. Dieser wird, so lange man will, den Koffer ohne Anstrengung tragen. Dazu braucht er auch keine äußere Energiequelle. Menschen aber brauchen eine äußere Energiequelle, nämlich die Nahrung, um dasselbe leisten zu können. Also müssen Sie irgendeine Form von Arbeit verrichten. Können Sie dieses Paradoxon auflösen?

65.

Frauen sind, was die Muskeln anbelangt, genauso stark wie Männer. Stimmt das?

66.

Versuchen Sie folgenden Trick: Stellen Sie sich so an den Pfosten einer offenen Tür, daß Ihre Nase und Ihr Bauch diesen berühren und Ihre Füße ein wenig überstehen. Nun versuchen Sie, sich auf die Zehen zu stellen.
Warum ist das unmöglich?

67.

Die Heuschrecke kann ungefähr zehnmal so hoch springen wie ihre Körperlänge und etwa zwanzigmal so weit (das ist fast ein Meter). Katzen- und Menschenflöhe können bis zu 33 cm hoch springen – das ist das Hundertfache ihrer Länge! Dabei erreichen sie eine Beschleunigung von 140 g (g ist die Erdbeschleunigung). Könnte ein Mensch in Relation zu seiner Körpergröße dasselbe leisten, so würde er über ein fünfzigstöckiges Gebäude springen können. Warum kann er das nicht?

68.

Fordern Sie jemanden auf, den folgenden Trick nachzumachen: Die Versuchsperson soll sich gerade an eine Wand stellen, so daß ihr Rücken und ihre Füße diese berühren. Nun fordere man sie auf, sich, ohne die Knie zu beugen, nach vorne zu bücken und ihre Schuhe zu berühren. Selbst wenn die betreffende Person durchtrainiert ist, wird sie das nicht können, ohne hinzufallen. Warum nicht?

69.

Ein Hochspringer überspringt in Oslo 2,18 m, ein anderer schafft in Mexico City 2,185 m. Welcher der beiden Springer ist besser?

70.

Warum braucht man schwerfällige Taucheranzüge? Könnte man nicht durch einen langen, an einem Schwimmkörper befestigten Schnorchel atmen?

71.

Ist es unmöglich, daß der Schwerpunkt eines Hochspringers unterhalb der Latte hindurchwandert, obwohl der Springer die Latte überquert?

72.

Oft verwendet man eine Kinderschaukel, um das Phänomen der Resonanz zu erläutern. Schubst man das Kind an, wenn es sich auf der höchsten Stelle befindet, so wird fast die ganze Energie des Stoßes die kinetische Energie des Kindes vergrößern. Das Kind kann aber ohne Hilfe

von außen und mit etwas Übung dasselbe Resultat erzielen, indem es sich selbst mit den Beinen antreibt.
Was geht bei dieser Antriebsart physikalisch vor?

73.

Ist die Flugbahn eines Baseballs tatsächlich gekrümmt? Und falls ja, in welcher Richtung?

74.

Viele Baseballspieler und -zuschauer bestehen darauf, schon einmal folgendes Phänomen beobachtet zu haben: Ein abgeschlagener Baseball fliegt zuerst geradlinig. Dann macht er einen Bogen, kurz bevor er das Schlagmal erreicht. Kann ein bereits abgeschlagener Ball plötzlich seine Richtung ändern?

75.

Warum sind Golfbälle genoppt?

6. Das Reich des Fliegens

76.

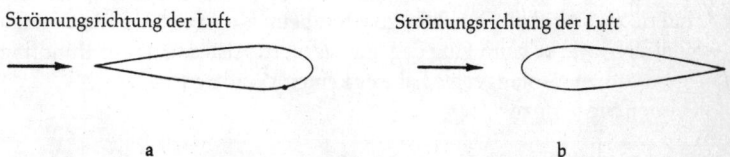

In Zeichnung (a) sehen wir den Querschnitt eines Flugzeugflügels in einem Luftstrom, der sich nach rechts mit 320 km/h bewegt. Der Flügel wendet dem Strom seine Spitze zu, (b) zeigt den umgedrehten Flügel. In welcher Position bietet der Flügel der Luft den geringeren Widerstand?

77.

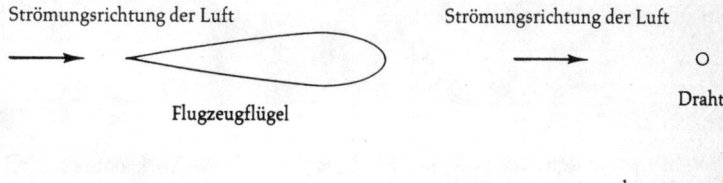

Die Abbildung zeigt den Querschnitt eines 25 cm dicken Flugzeugflügels und eines 2,5 cm dicken Drahtes. Welche dieser beiden Formen hat den geringeren Luftwiderstand?

78.

Manche Helikopter haben zwei Propeller mit vertikalen Achsen, die sich zueinander entgegengesetzt drehen. Andere Helikopter haben einen Propeller mit einer vertikalen Achse und einen zweiten mit einer hori-

zontalen, zum Rumpf orthogonalen Achse an ihrem hinteren Ende.
Warum haben Helikopter nicht bloß einen Propeller?

79.

Ein Flugzeug fliegt mit Rückenwind von A nach B und dann gegen den
Wind nach A zurück. Der Pilot gewinnt beim Flug mit dem Wind genau
so viel Zeit, wie er beim Flug dagegen verliert. Also dauert der Rundflug
insgesamt genausolange, als habe es keinen Wind gegeben.
Stimmen Sie dem zu?

80.

Warum starten Flugzeuge in der Regel gegen den Wind?

81.

Windböen sind Gebiete, in denen die Dichte der Luft größer als gewöhnlich ist; Luftlöcher sind Gebiete, in denen die Dichte der Luft geringer ist
als anderswo. Stimmt das?

82.

Ein Flug mit dem Jet von San Francisco nach New York dauert rund
5 Stunden, ein entsprechender Flug von New York nach San Francisco
braucht 6 Stunden.
Wie kommt diese Differenz zustande?

83.

Hat ein Flugzeug erst einmal die Wolkendecke durchstoßen, so gibt es
keine Luftlöcher mehr (mit Ausnahme von Wirbeln). Weshalb?

7. Grillentöne im Schnee, Donner, Geräusche & Stimmen

84.

Vermag ein Mensch oder ein Tier Töne hervorzubringen, die er selbst (beziehungsweise es) nicht hören kann?

85.

Hören die meisten unter uns ihre Stimme vom Tonband, so erkennen sie sich selbst kaum wieder. Sind wir hier das Opfer einer Sinnestäuschung, oder gibt es einen wirklichen Unterschied?

86.

Warum haben Stimmgabeln immer zwei Zinken?

87.

Die Töne einer Grille kann man 800 Meter weit hören. Die Dichte der Luft beträgt $1,293 \, \text{kg} / \text{m}^3$. In einer Halbkugel vom Durchmesser 800 Meter befinden sich rund 1 Million Tonnen Luft. Wie ist es möglich, daß eine kleine Grille eine solche Menge Luft in Bewegung bringt, indem sie lediglich ihren Körper in Vibration versetzt?

88.

Wie ist es möglich, daß eine Schallwelle, die ein Rohr hinunterläuft, an dessen offenem Ende – also buchstäblich am Nichts – reflektiert werden kann?

89.

1. Warum breiten Schallwellen sich in einer ruhigen, klaren Nacht besonders gut aus?
2. Warum breitet sich der Schall über dem Wasser besonders gut im Sommer aus?
3. Wie kommt es, daß Kletterer und Ballonfahrer oft eine Person hören und verstehen können, die sich 800 Meter unter ihnen befindet, während die sie weder hören noch verstehen kann?
4. Am 2. Februar 1901 wurden Kanonen in London abgefeuert, um den Tod von Königin Viktoria zu beklagen. Der Knall war in der ganzen Stadt, nicht aber auf dem umliegenden Land zu hören. Merkwürdigerweise hörten aber auch die Bewohner eines Dorfes, das 145 Kilometer von London entfernt ist, den Knall genau. Wie konnte der Schall die Umgebung Londons überspringen, um 145 Kilometer weiter wieder hörbar zu sein?

90.

Warum ist es so schwierig, eine Schallquelle gegen den Wind zu hören (einmal abgesehen, von dem Lärm, den der Wind produziert)? Bläst der Wind den Schall zurück?

91.

Warum haben Lautsprecher, die auf einer festen Platte montiert sind, nur eine Öffnung für die »Stimme des Meisters«, und warum sind sie manchmal auf der Rückseite vollkommen abgeschlossen?

92.

In kalten Gegenden scheint es bemerkenswert still zu werden, während und nachdem eine größere Menge flockiger Schnee gefallen ist. Können Sie dieses Phänomen erklären?

93.

Eine Autobahn soll außerhalb einer Stadt in Nord-Süd-Richtung ange-
legt werden. Angenommen, man akzeptiert die Gesundheit der Bevölke-
rung als wichtigstes Kriterium: Sollte dann die Autobahn westlich oder
östlich an der Stadt vorbeiführen?

94.

Dreht man eine Stimmgabel nahe am Ohr langsam um die Achse, die
durch den Griff in Längsrichtung hindurchgeht, so bemerkt man, daß der
Ton abwechselnd lauter und leiser wird. Vielleicht meinen Sie, dieses
Phänomen käme durch eine Interferenz der von den beiden Zinken pro-
duzierten Schallwellen zustande. Vibriert eine Zinke mit der Frequenz
440 Hertz, so ist die dabei entstehende Wellenlänge gleich

$$\lambda = \frac{340 \text{ m/s}}{440 \text{ 1/s}} = 0,77 \text{ m}.$$

Damit Auslöschung durch Interferenz auftreten kann, muß die Differenz
der Weglängen von den Zinken zum Ohr eine halbe Wellenlänge betragen. Im vorliegenden Falle sind das 40 cm. Weil der Abstand zwischen
den Zinken nur 2 bis 3 cm beträgt, kann Interferenz nicht die Ursache der
Tonstärkenschwankung sein.
Was aber ist dann die Ursache?

95.

Warum rollt der Donner?

8. Heiß & kalt:
Pelzmützen & Milchkaffee

96.

Gegeben seien drei Dewar-Gefäße* A, B und C. Weiterhin soll es einen
leeren Behälter D geben, dessen Wände perfekt die Wärme leiten sollen
und der sich leicht in das Innere eines Dewar-Gefäßes einbringen lassen
soll.

Nun schütte man 1 Liter Wasser in das Gefäß A und 1 Liter in B. Dabei
soll die Temperatur des Wassers 80 °C beziehungsweise 20 °C betragen.
Läßt sich unter Verwendung aller vier Gefäße das kalte Wasser mit Hilfe
des warmen so stark erwärmen, daß es schließlich wärmer wird, als das
warme Wasser zum Schluß noch ist? (Das Mischen von warmem und
kaltem Wasser ist verboten.)

97.

Der Siedepunkt des Wassers wird mit abnehmendem Luftdruck niedriger. Warum pumpt man nicht Luft aus den Wasserkesseln? Dann würde
das Wasser schneller kochen und man würde Energie sparen.

98.

Normalerweise beträgt die Körpertemperatur beim Menschen etwa
37 °C. Sie schwankt um 0,5 °C. Diese Schwankungen sind von der Tages-
zeit abhängig. Das Temperaturmaximum wird nachmittags zwischen 4
und 5 Uhr erreicht.

Die üblichen Zimmertemperaturen liegen zwischen 18 °C und 22 °C. Das
sind 15 °C bis 19 °C weniger als unsere Körpertemperatur. Müßten wir
nicht aufgrund der enormen Wärmeverluste durch Abstrahlung dauernd
zittern?

---

* Dewar-Gefäße sind Vakuummantelgefäße zur Aufbewahrung kalter oder heißer Materialien (wie z. B. Thermosflaschen). A. d. Ü.

99.

Warum kann man auf sehr kaltem Eis schlecht Schlittschuh laufen?

100.

Sie sind in großer Eile, weil Sie unbedingt den Bus um 7 Uhr 25 erwischen wollen. Ihren Morgenkaffee trinken Sie normalerweise mit Milch. Was sollten Sie tun, damit Ihr Kaffee schneller abkühlt: Zuerst die kalte Milch in den Kaffee schütten und dann fünf Minuten bis zum Trinken abwarten oder zuerst fünf Minuten warten und dann die Milch hineinschütten?

101.

Sie gießen warmes Wasser in ein dünnes Glas. Ist die Wahrscheinlichkeit, daß es springt, kleiner, gleich oder größer als die entsprechende Wahrscheinlichkeit bei einem dicken Glas?

102.

Warum befinden sich die Gefrierfächer leistungsfähiger Kühlschränke immer oben?

103.

Kann Eis kälter als 0 °C werden?

104.

Die Experten, die Kleider für die Polarzonen entwerfen, empfehlen, dort auch einen Hut zu tragen. Was ist der Grund hierfür?

105.

Gibt es zwischen Dampf und Gas einen Unterschied?

106.

Bei kochendem Motor halten manche Autofahrer an und schrauben den Verschluß des Kühlers ab, ohne zu warten, daß der Motor abkühlt. Falls überhaupt noch Wasser im Kühler ist, sprudelt es bei dieser Gelegenheit mit Macht heraus. Warum?

107.

Trinkt man an einem heißen Tag eine kühle Tasse Tee, so kühlt man sicherlich ab. Kann man sich auch Abkühlung verschaffen, wenn man eine heiße Tasse Tee trinkt?

108.

Warum quietscht der Schnee an ganz besonders kalten Tagen unter den Sohlen, aber nicht, wenn die Temperaturen knapp unter dem Gefrierpunkt liegen?

109.

Im großen und ganzen sind kleine Tiere kälteempfindlicher als große. Warum?

110.

Schüttet man einen Löffel Kaffeepulver ins Wasser, dessen Temperatur bei knapp unter 100 °C liegt, so beginnt das Wasser scheinbar zu kochen. Was geschieht hier?

111.

Versuchen Sie einmal den folgenden Trick mit Ihren Freunden: Lassen Sie ein Eisstückchen in einem Glas mit Wasser schwimmen. Dann fordern Sie jemanden auf, das Eisstückchen nur mit Hilfe eines Pappstreichholzes herauszufischen. Wenn der Betreffende aufgibt, biegen Sie den

Kopf des Streichholzes so um, daß sich ein rechter Winkel ergibt. Dann legen Sie den Schaft des Streichholzes flach auf das Eisstückchen und bedecken ihn vollständig mit Salz. Das Streichholz friert im Nu am Eisstückchen fest, weshalb man das Eisblöckchen am Kopf des Streichholzes aus dem Glas herausheben kann.

Können Sie diesen Trick erklären?

112.

Eisstückchen, die in einem Eiskübel liegen, frieren ärgerlicherweise aneinander fest. Warum?

113.

Mit einem Liter kalten Benzins kann man weiter fahren als mit einem Liter warmen Benzins. Stimmt das?

114.

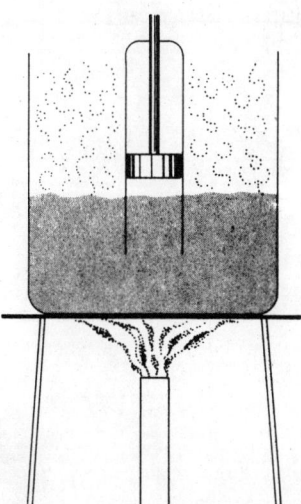

Die Abbildung zeigt einen Becher mit kochendem Wasser. Im Wasser befindet sich eine Glasröhre, die einen beweglichen Kolben enthält. Angenommen, bei Beginn des Experimentes berührt der Kolben die Wasseroberfläche. Zieht man nun den Kolben langsam nach oben, so bewegt sich das kochende Wasser *nicht* mit – obwohl es das bei Raumtemperatur aufgrund des Luftdrucks tun würde. Worin liegt der Unterschied?

115.

Die Dichte des Wassers ist umgekehrt proportional zur Temperatur bis hinab zur Grenze 3,98 °C. Dort erreicht sie ihr Maximum mit 1,00000 Gramm pro Milliliter. Insoweit verhält sich Wasser wie die meisten anderen Substanzen. Zwischen 3,98 °C und 0 °C aber nimmt seine Dichte bis zu dem Wert 0,9168 Gramm pro Milliliter ab. Deshalb dehnt sich Wasser beim Übergang zu Eis um ungefähr elf Prozent aus und übt dabei einen Druck aus, der ausreicht, um Glasflaschen zum Platzen zu bringen. Ist Wasser die einzige Substanz, die sich so verhält?

116.

Warum kann man seine Hände wärmen, indem man sanft bläst, und sie abkühlen, indem man stark bläst?

9. Prüfen Sie Ihren Schaltkreis

117.

Tritt man an einem klaren Tag vor die Tür, so ist man von einem elektrischen Feld vertikaler Richtung der Stärke 100 bis 500 Volt pro Meter umgeben. Dieses Feld ist nach unten gerichtet und wird von den in der Atmosphäre umherschwirrenden positiven Ladungen hervorgerufen. Treibt eine geladene Gewitterwolke vorüber, so kann dieses Feld bis zu 10 000 Volt pro Meter stark werden. Warum sind diese Spannungen nicht tödlich?

118.

Zwei Leute berühren aus Versehen einen geladenen Draht. Die angelegte Spannung beträgt 110 Volt Wechselstrom. Die eine der beiden Personen stirbt, die andere erleidet einen leichten Schlag. Wie ist das möglich?

119.

Angenommen, Sie schicken elektrischen Strom durch eine Leitung. Wenn der Strom stark genug ist, wird sich der Draht merklich erwärmen. Kühlt man dann den einen Teil des Drahtes, so erwärmt sich der andere noch mehr. Warum?
Man darf annehmen, daß die Spannung im ganzen Draht in beiden Fällen dieselbe ist.

120.

Der einzige Unterschied zwischen zwei Eisenblöcken soll sein, daß der eine ein Permanentmagnet ist, der andere aber gar nicht magnetisiert. Wie kann man ohne Benützung von Hilfsmitteln herausfinden, welcher der beiden Blöcke magnetisiert ist?

121.

Besuchen Sie Großbritannien, so werden Sie mit Erstaunen entdecken, daß die Elemente der Fernsehantennen auf den Dächern vertikal angeordnet sind, nicht horizontal wie in der Bundesrepublik oder den Vereinigten Staaten. Worin besteht der Unterschied?

122.

Durchfließt elektrischer Strom einen Leiter, so induziert er um den Leiter herum ein magnetisches Feld. Die Fortpflanzungsgeschwindigkeit der Elektronen, die den elektrischen Strom bilden, beträgt nur einige wenige Millimeter pro Sekunde. Wenn ein Beobachter entlang des Drahtes in Richtung der Elektronen mit deren Fortpflanzungsgeschwindigkeit laufen würde, befänden sich die Elektronen relativ zu ihm in Ruhe. Würde deshalb auch das Magnetfeld um den Leiter für diesen wandernden Beobachter verschwinden?

123.

Ein einfaches Experiment: Stellen Sie Ihren Fernseher an. Dann nehmen Sie ein Lineal oder einen Stab und wischen mit ihm schnell vor dem Bildschirm hin und her. Ihrer Hand entspringen viele »eingefrorene« Lineale. Das Experiment funktioniert noch besser, wenn man den Bildschirm bis auf einen horizontalen Streifen abdeckt, der ein paar Zentimeter breit ist. Offensichtlich läßt ein Fernsehgerät sich als Stroboskop verwenden. Warum?
(Auch eine fluoreszierende Lampe ergibt ein gutes Stroboskop.)

124.

Warum ist der Empfang von Kurzwellen nachts besser als am Tag?

125.

Warum haben die meisten Länder die in Haushalten übliche Spannung von 110 auf 220 oder 240 Volt erhöht?

126.

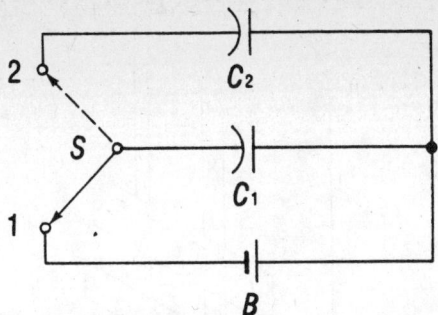

Oben sehen Sie einen Schaltkreis mit zwei Kapazitäten:
$C_1 = C_2 = 10\mu F$, mit einer Batterie B (deren elektromotorische Kraft E
20 Volt ist) und einem Schalter S. Wir wollen annehmen, der Schalter sei
ursprünglich in Position 1. Die Kapazität C_1 wird dann von der Batterie
aufgeladen. Die in ihr gespeicherte Energie beträgt

$$W_1 = \frac{C_1 E^2}{2} = \frac{10\mu F (20 \text{ V})^2}{2} = 2 \times 10^{-3} \text{ Joule.}$$

Bringt man den Schalter in Stellung 2, so sind die Kapazitäten parallel
geschaltet, und die Ladung, die sich ursprünglich auf C_1 befand, kann sich
auf C_1 und C_2 verteilen. Die Summe der beiden Kapazitäten beträgt
$10\,\mu F + 10\,\mu F = 20\,\mu F$. Weil sich jedoch die ursprüngliche Ladung
gleichmäßig auf C_1 und C_2 aufgeteilt hat, beträgt die Potentialdifferenz
zwischen den Enden dieser »zusammengefaßten Kapazität« nur 10 Volt.
Deshalb beläuft sich die in dieser zusammengesetzten Kapazität gespeicherte Energie auf

$$W_2 = \frac{20\,\mu F (10 \text{ V})^2}{2} = 10^{-3} \text{ Joule.}$$

Die Hälfte der ursprünglich in C_1 gespeicherten Energie ist verschwunden. Wie ist das möglich?

127.

Legt man eine magnetisierte Nadel auf eine Wasseroberfläche, so richtet
sie sich parallel zum magnetischen Meridian aus (das ist ein Großkreis,
der die magnetischen Pole der Erde miteinander verbindet). Sie bewegt
sich jedoch weder nach Norden noch nach Süden. Legt man aber dieselbe
Nadel in die Nähe eines starken Magneten, so wird sie sich auf den Magneten zubewegen.
Wie erklärt sich dieser Unterschied?

128.

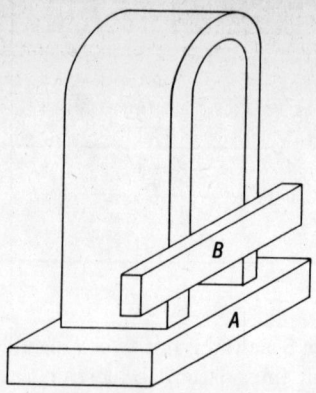

Wir schließen einen Hufeisenmagneten mit einem Eisenstab (A) (vergleiche obige Abbildung). Der Magnet ist so stark, daß er den Stab festhalten kann. Dann nehmen wir einen weiteren Stab (B) (aus weichem Eisen) und legen ihn auf den Magneten. Sobald wir das tun, löst sich Stab (A). Wird (B) weggenommen, so zieht der Magnet (A) sofort wieder an.

Wie ist dieses Phänomen zu erklären?

129.

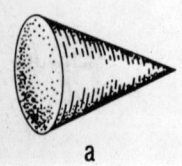

a

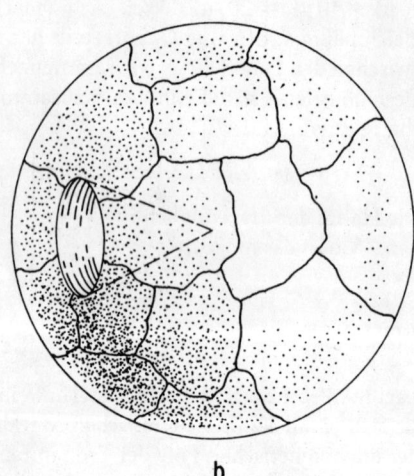

b

In der Schule haben wir gelernt, daß jeder Magnet zwei Pole besitzt. Gelänge es jemandem, einen Magnet mit bloß einem Pol zu konstruieren, wäre ihm der Physiknobelpreis sicher.

Es folgt ein bescheidener Vorschlag:

Man zerschneide eine stählerne Kugel in unregelmäßige Teile, die aussehen sollen wie in Abbildung (a) angedeutet. Nun magnetisiere man alle
diese Stücke in der Weise, daß die runden Enden zu Nordpolen und die
scharfen Enden zu Südpolen werden (oder umgekehrt). Dann setze man
die magnetisierten Teile so zusammen, daß sie die Kugel aus Abbildung
(b) ergeben. Befindet sich der Nordpol auf der Außenseite? Wohin ist der
Südpol verschwunden?

10. Licht in Sicht

130.

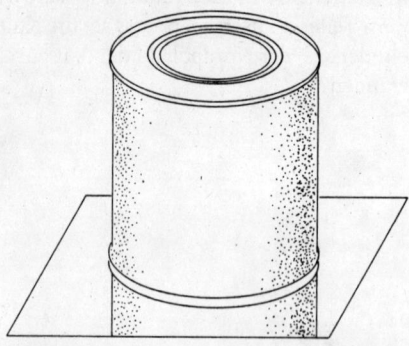

Sie sehen eine metallene Dose, die auf einem Spiegel steht. Besteht dieser Spiegel aus Glas oder aus poliertem Metall?

131.

Ein schmaler Strahl weißes Licht geht durch ein gläsernes Prisma, das diesen Strahl in seine optische Bestandteile zerlegt. Lassen sich diese Farben mit Hilfe eines gleichartigen, aber auf den Kopf gestellten Prismas wieder zu weißem Licht zusammenfügen?

132.

Bei Sonnenauf- und -untergang ist es gelegentlich möglich, den »grünen Strahl« zu sehen. Gerade in dem Moment, in dem der letzte Rest der Sonnenscheibe im Verschwinden begriffen ist oder der oberste Rand der Scheibe gerade auftaucht, wird die Sonne für einen kurzen Augenblick strahlend grün. Diesen Effekt gibt es nur dann, wenn die Luft klar und der Horizont deutlich sichtbar ist – wie meist auf hoher See, in den Bergen oder der Wüste.
Wie bringt die Natur den »grünen Strahl« zustande?

133.

Betrachtet man den Mond oder einen Planeten durch ein Teleskop, so scheint dieser größer (oder näher) zu sein. Die Sterne aber sehen selbst in den größten Teleskopen noch wie punktförmige Lichtquellen aus. Was also kann man mit Teleskopen noch anfangen – außer Planeten zu betrachten?

134.

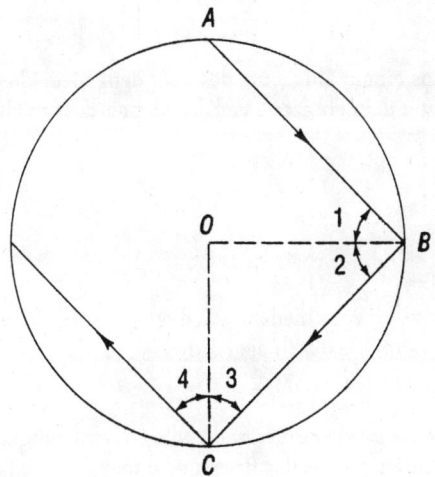

Bei der Erklärung des Regenbogens wird oftmals vorausgesetzt, daß ein Lichtstrahl, der an der Stelle A (siehe oben) in einen Regentropfen eintritt, eine vollständige Reflektion an der Stelle B erfahre und den Tropfen deshalb in C wieder verlasse. In den Punkten A und C durchstößt der Strahl die Grenze zwischen Luft und Wasser. Er wird dadurch gebrochen. Das Resultat hiervon ist, daß der in C austretende Strahl in alle möglichen Farben des sichtbaren Spektrums zerlegt wird. Das ergibt den Regenbogen.

Allerdings ist es einfach zu zeigen, daß ein Strahl, der im Innern des Tropfens eine Totalreflektion erfahren hat, diesen nie mehr verlassen kann.

Nehmen wir an, der Winkel 1 in der Abbildung sei größer als der kritische Winkel, der für eine Totalreflektion erforderlich ist. Dann wird das Licht in B total reflektiert und sich anschließend auf C zu bewegen. Weil das Dreieck 0BC gleichschenklig ist, sind die Winkel 2 und 3 einander

gleich. Der Einfallswinkel 1 ist gleich dem Reflektionswinkel 2, und der Einfallswinkel 3 ist gleich dem Reflektionswinkel 4. Also sind alle vier Winkel gleich. Daraus folgt: Ist der Winkel 1 größer als der kritische, so auch der Winkel 3. Dann aber wird in C eine weitere innere Reflektion stattfinden – und so weiter. Also bliebe der Strahl für immer und ewig im Tropfen gefangen.
Wie aber ist dann die Entstehung des Regenbogens zu erklären?

135.

Schaut man aus einem Flugzeug, das über dem Meer fliegt, so erscheint das Wasser unter dem Flugzeug viel dunkler als das am Horizont. Woran liegt das?

136.

Passiert Licht zwei verschiedene Medien, so sind die entsprechenden Wellenlängen λ_1 und λ_2 durch die Formel

$$\frac{\lambda_1}{\lambda_2} = \frac{v_1}{v_2} = n_{1,2}$$

ausgedrückt. Dabei bedeuten v_1 und v_2 die Geschwindigkeit des Lichts in den beiden Medien, $n_{1,2}$ ist der Brechungsindex des Mediums 2 bezogen auf das Medium 1.
Die Wellenlänge des Lichts ändert sich also beim Übergang von einem Medium ins andere. Beträgt die Wellenlänge des roten Lichts in der Luft 0,65μm, so wird seine Wellenlänge im Wasser (der Brechungsindex von Wasser relativ zur Luft ist 1,33) gegeben durch

$$\lambda_2 = \frac{\lambda_1}{n_{1,2}} = \frac{0,65\mu}{1,33} = 0,49\mu \ .$$

Diese Wellenlänge liegt im blauen Bereich.
Unter welchen Umständen erscheint eine rote Lampe einem Taucher blau?

137.

Normalerweise sieht Rauch blaugrau aus. Guckt man aber gegen die Sonne, so erscheint er rotgrau. Welche Farbe ist seine wirkliche?

138.

Gibt es eine rein optische Möglichkeit, eine wirkliche Landschaft zu unterscheiden von einer im Wasser gespiegelten oder photographierten?

139.

Woher kommt es, daß ein roter Buchstabe in einer Neonreklame einem näher zu sein scheint als ein blauer oder grüner?

140.

Warum sieht feuchter Sand dunkler aus als trockener?

141.

Angenommen, es ist Tag. Sie schauen auf die Außenfläche eines Gebäudes. Warum erscheinen die Fenster dunkler als die Wände, selbst wenn die Wände dunkel gestrichen sind?

142.

Leute, die an offenen Feuerstellen arbeiten, tragen oft Schutzkleidung, die außen mit einer dünnen Metallschicht versehen ist. Das scheint widersinnig zu sein, da Metall doch ein guter Wärmeleiter ist. Wie lautet Ihre Erklärung?

11. Raumschiff Erde

143.

Einer alten Weisheit folgend, soll man Öl auf die Wogen gießen, um das Meer zu beruhigen. Die See wird angeblich deshalb ruhig, weil sich die Oberflächenspannung durch die Öllache erhöht. Nun ist aber die Oberflächenspannung von Wasser doppelt so hoch wie diejenige von Öl. Wie kann Öl dann überhaupt helfen?

144.

Warum schäumt die See?

145.

Das Wasser ist an der Pazifikküste der USA in der Regel viel kälter als an der Atlantikküste – warum?

146.

Stellt man ein Auto in der Nähe einer Hauswand über Nacht ab, so sind unter Umständen am nächsten Morgen die Autofenster zur Wandseite noch trocken, während die auf der anderen Seite mit Tau beschlagen sind. Wie erklärt sich dieses Phänomen?

147.

Warum werden Gras und andere Pflanzen niedrigen Wuchses so feucht über Nacht – selbst im Sommer?

148.

Warum gibt es in der Antarktis achtmal mehr Eis als in der Arktis?

149.

Gewöhnliches Salz läßt sich in nasser Luft nicht streuen – es sei denn, man fügt eine Prise Magnesiumkarbonat oder dergleichen hinzu. Woran liegt das?

150.

Wie können Kokskörbe* Pflanzen vor dem Frieren schützen?

151.

Ein Wanderer kommt an eine Stelle, wo fünf Straßen sich treffen. Der Wegweiser liegt im Straßengraben. Kein Mensch ist zu sehen; es ist neblig, und unser Wanderer hat auch keinen Kompaß. Wie kann er die Straße herausfinden, die in die Stadt führt, in die er will?

152.

An welcher Stelle der Erde zeigt die Kompaßnadel mit beiden Enden nach Süden?

153.

Die Sonne scheint auf ungefrorenen, feuchten Boden. Der Schnee, der aufs Gras fällt, schmilzt viel später als der, der auf den Boden fällt. Warum?

---

* Kokskörbe sind Drahtgestelle, in denen Koks verbrannt wird. Sie werden in der Nähe von Pflanzen plaziert. (A. d. Ü.)

12. Das Universum

154.

Welche Wirkung hat der Luftwiderstand auf einen Satelliten, der die obersten Schichten der Atmosphäre streift? Wird dieser abgebremst oder beschleunigt?

155.

Warum liegen Abschußbasen für Weltraumflüge wie Kap Kennedy normalerweise in der Nähe der Tropen?

156.

Wie ist es einem Astronauten möglich, im Zustand der Schwerelosigkeit eine Flüssigkeit von einem Gefäß in ein anderes zu gießen?

157.

Wann erreicht die Erde auf ihrer Umlaufbahn um die Sonne ihre größte Geschwindigkeit? Und wann ist sie am langsamsten?

158.

Ein nach oben offenes Glasgefäß, das mit Wasser gefüllt wird, wird auf ein sich in einer Kreisbahn befindendes Raumschiff gebracht. Dort wird es gewichtlos. Was geschieht mit dem Wasser im Glas?

159.

Ein Raumschiff, das sich ohne äußere Einwirkungen auf einer Kreisbahn um die Erde befindet, dreht sich unablässig um sich selbst. Warum werden die Astronauten nicht gegen die Außenwand gedrückt, wie das bei den Insassen eines Autos der Fall ist, das mit hoher Geschwindigkeit eine Kurve fährt?

160.

Warum kann man die meisten Satelliten nur ein bis zwei Stunden nach Sonnenuntergang oder ein bis zwei Stunden vor Sonnenaufgang sehen?

161.

Ein Astronaut setzt in einem Raumschiff einen Kessel Wasser auf einen elektrischen Ofen; dabei herrscht Schwerelosigkeit. Wenn er nach einer Stunde nach dem Wasser schaut, ist die obere Wasserschicht immer noch kalt. Wie kommt das?

162.

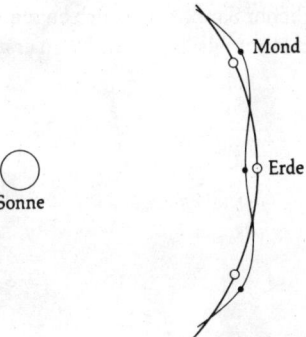

Die obige Abbildung zeigt einen Ausschnitt aus der Umlaufbahn der Erde um die Sonne. Auch die Bahn des Mondes um die Erde ist eingezeichnet. Ist in dieser Abbildung – außer der Tatsache, daß sie nicht maßstäblich gezeichnet ist – noch etwas Wesentliches verkehrt?

163.

Ein Körper, der sich mehr als 257 000 Kilometer von der Erde entfernt befindet, wird von der Sonne stärker angezogen als von der Erde. Das kann man anhand des Gravitationsgesetzes nachrechnen. Aber 257 000 Kilometer sind nur rund zwei Drittel des mittleren Abstandes des Mondes von der Erde. Also wird der Mond stärker von der Sonne als von der Erde angezogen. Tatsächlich ist die Anziehung der Sonne etwa doppelt so groß wie die der Erde.
Warum stiehlt die Sonne nicht der Erde den Mond?

164.

Wie kann man mit bloßem Auge einen Planeten von einem Stern unterscheiden – ohne abzuwarten, bis sich der Planet relativ zu den Sternen bewegt?

165.

Ein sterbender künstlicher Satellit zeigt sich an mehreren Tagen zur gleichen Zeit im gleichen Himmelsabschnitt. Dann erst zerfällt er – warum?

Die Antworten

1. Eine Raum-Zeit-Odyssee

1.

Unter allen Körpern weist tatsächlich die Kugel das minimale Verhältnis von Oberfläche zu Rauminhalt auf – aber nur bei einem *festen* Volumen. Das Volumen der Kugel sei V. Dann erhält man aus der Gleichung $V = \frac{1}{6} \pi \, d^3$ für d den Wert $(6 \, V/\pi)^{1/3}$. Das Verhältnis von Oberfläche und Rauminhalt beträgt somit

$$\frac{\pi \, (6 \, V/\pi)^{2/3}}{V} \approx \frac{4,8}{V^{1/3}}$$

Hat ein Würfel dasselbe Volumen V, so muß seine Kante $V^{1/3}$ lang sein. Für das Verhältnis von Oberfläche zu Rauminhalt findet man im Falle des Würfels

$$\frac{6 \, (V^{1/3})^2}{V} \approx \frac{6}{V^{1/3}}$$

Also ist die Oberfläche einer Kugel rund zwanzig Prozent kleiner als die eines volumengleichen Würfels.

Diese Überlegung läßt sich auch umkehren. Dann zeigt sie, daß die Kugel bei vorgegebener Oberfläche ein größeres Volumen einschließt als der Würfel. (Sie können selbst nachprüfen, daß der Überschuß satte 39 Prozent ausmacht.)

Seifenblasen haben Kugelgestalt, weil die durch die Oberflächenspannung gebundene Energie minimiert wird, indem die Oberfläche so klein als möglich gestaltet wird. Umgekehrt läßt sich zeigen, daß das größte einzuschließende Volumen bei vorgegebenem Material durch eine Kugeloberfläche erzielt wird.

2.

Die Oberfläche des neu entstandenen Tropfens ist kleiner als die Gesamtoberfläche der beiden ursprünglich vorhandenen Tropfen. Das Gesamtvolumen hat sich nicht geändert, denn die Gesamtmasse an vorhandenem Quecksilber ist gleich geblieben. Eine Verkleinerung der Oberfläche bedeutet eine Verkleinerung der durch die Oberflächenspannung gebundenen Energie, die das Quecksilber in die Kugelform zwingt. Diese freiwerdende Energie dient dazu, das Quecksilber zu erwärmen. (Der Temperaturanstieg ist sehr gering – er bewegt sich bei Tropfen mit 1 cm Durchmesser in der Größenordnung von 0,01 °C.)

3.

Das Verhältnis der beiden unregelmäßigen Flächen beträgt genau $3^2 = 9$. Das Verhältnis zweier ähnlicher Körper, wie unregelmäßig diese auch sein mögen, ist n^3. Dabei bedeutet n das Verhältnis der einander entsprechenden Abstände zwischen jeweils zwei beliebigen korrespondierenden Punktepaaren.

4.

Das Verhältnis sollte 1 zu 1 sein. Anders gesagt: Das Rechteck sollte ein Quadrat sein.
In der Sprache der Algebra lautet das Problem folgendermaßen: Wie ist eine Zahl a in zwei Teile zu teilen, so daß das Produkt der entstehenden Teile maximal ist?

Nennen wir die beiden entstehenden Teile $\frac{a}{2} + x$ und $\frac{a}{2} - x$, wobei x eine Zahl zwischen 0 und $\frac{a}{2}$ sein soll. Dann gilt wie verlangt für deren Summe

$$\left(\frac{a}{2} + x\right) + \left(\frac{a}{2} - x\right) = a.$$

Für das Produkt findet man

$$\left(\frac{a}{2} + x\right)\left(\frac{a}{2} - x\right) = \frac{a^2}{4} - x^2 .$$

Nun ist aber $- x^2$ immer kleiner/gleich Null. Das Produkt wird demnach maximal, wenn $x = 0$ ist. Das bedeutet aber, daß a in zwei gleiche Teile zerlegt wird.

5.

Ein Signal, das von einer punktförmigen Quelle ausgesandt wird, breitet sich gleichermaßen in alle Richtungen aus. Dabei entstehen Kugeloberflächen, deren Radius wir mit r bezeichnen wollen. In unserem dreidimensionalen Raum beträgt der Flächeninhalt dieser Kugeloberflächen $4\pi r^2$. Die Oberfläche einer Kugel wächst proportional zum Quadrat des

Abstandes zwischen Oberfläche und Kugelmittelpunkt. Man muß sich die Stärke des Signals als zu dieser Proportion reziprok vorstellen. *

6.

Die meisten Leute antworten: der 1. Januar 1900. Aber in Wirklichkeit war der 1. Januar 1901 der erste Tag des 20. Jahrhunderts. Das erste Jahrhundert nach Christus begann am 1. Januar des Jahres 1. Am 31. Dezember 99 waren 99 Jahre des ersten Jahrhunderts vergangen. Um dieses zu vervollständigen, müssen wir noch das gesamte Jahr 100 dazunehmen. Dieses endet am 31. Dezember 100. Genauso ging das 19. Jahrhundert am 31. Dezember 1900 zu Ende.

Eine Fehlerquelle ist die folgende: Die meisten unter uns nehmen an, daß das Zeitalter nach Christus am 1. Januar des Jahres 0 begonnen hat. Dann würde der 1. Januar 1 bedeuten »1 Jahr nach«; entsprechend würde der 1. Januar 100 »100 Jahre nach« und so weiter. Das Problem hierbei ist, daß es kein Jahr 0 gab. Das Jahr, das dem ersten Jahr nach Christus vorausging, war das erste Jahr vor Christus.

7.

An seinem 29. Geburtstag ist er erst 28. Jahre alt. Das soll heißen: er hat bis dato 28 volle Jahre gelebt. An seinem ersten Geburtstag wurde er gerade erst geboren; erst an seinem zweiten Geburtstag hat er das Alter »ein Jahr« erreicht. Deshalb ist der Brauch, »Geburtstag« zusammen mit der Anzahl der Lebensjahre zu verwenden, strenggenommen inkorrekt.

8.

In der oberen Zeichnung sehen wir die nördliche Hemisphäre. Die Erde dreht sich entgegen dem Uhrzeigersinn um ihre eigene Achse. Analog dreht sich der Mond gegen den Uhrzeigersinn um die Erde. Die Phasen des Mondes, so wie sie von der Erde aus wahrgenommen werden, sind ebenfalls abgebildet.

Die Position des Mondes findet man wie folgt: Nehmen wir als Beispiel

---

* D. h. die Stärke des Signals ist proportional zu $1/r^2$. (A. d. Ü.)

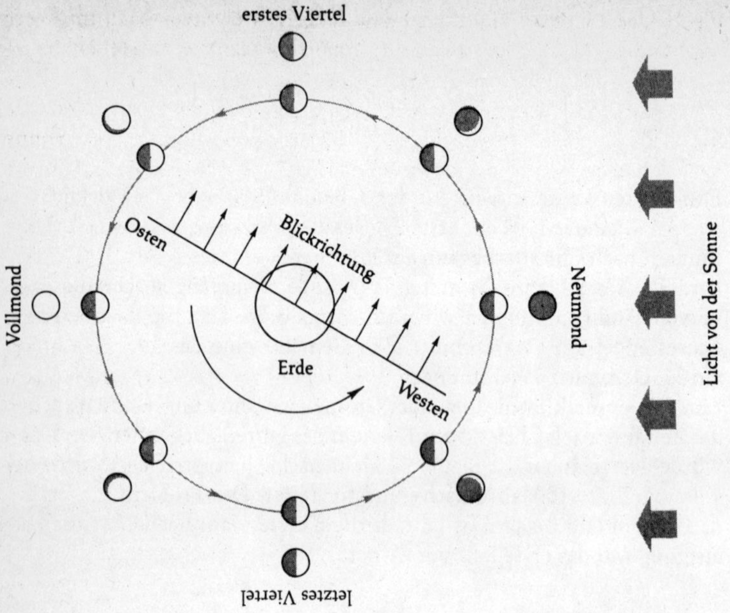

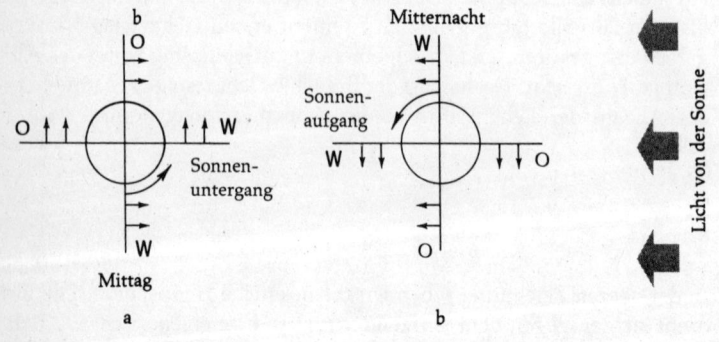

erstes Viertel

Licht von der Sonne

Osten

Blickrichtung

Erde

Westen

Vollmond

Neumond

letztes Viertel

Licht von der Sonne

b
O

O ↑↑↑ ↑↑ W

Sonnen-
untergang

W

Mittag

a

Mitternacht
W

Sonnen-
aufgang

W ↓↓↓ ↓↓ O

O

b

Licht von der Sonne

die Phase des ersten Viertels. Damit ist die Position des Mondes festgelegt. Für unsere Zwecke dürfen wir annehmen, daß die Sonne sich nicht bewegt. Dann verbleibt als einzige Bewegung noch die Drehung der Erde um ihre Achse. Diese Approximation ist ausreichend realistisch, denn die Erde legt während eines Tages nur 1/365,26 ihres Weges um die Sonne zurück und der Mond in derselben Zeit 1/27,3 seiner Umlaufbahn um die Erde (beides bezogen auf den »Fix«-Sternhimmel).

Um die Rotation der Erde anzudeuten, ziehe man eine Linie durch deren Mittelpunkt. Diese soll den lokalen Horizont darstellen (eigentlich müßte diese Linie tangential an die Erde verlaufen, aber für unsere Zwecke macht das keinen Unterschied). Da die Linie entgegengesetzt dem Uhrzeigersinn durch den Mittag, den Sonnenuntergang, die Mitternacht und den Sonnenaufgang rotiert, erkennen wir, daß (a) der Mond im ersten Viertel am Mittag aufgeht und seinen Höchststand bei Sonnenuntergang erreicht und daß er (b) um Mitternacht untergeht. Wiederholen wir diese Überlegungen für die anderen Mondphasen, so bekommen wir eine Tabelle mit den Positionen des Mondes am Himmel.

	Aufgang	Höchststand	Untergang
Neumond	Sonnenaufgang	Mittag	Sonnenuntergang
erstes Viertel	Mittag	Sonnenuntergang	Mitternacht
Vollmond	Sonnenuntergang	Mitternacht	Sonnenaufgang
letztes Viertel	Mitternacht	Sonnenaufgang	Mittag

(Auf der südlichen Hemisphäre sind das erste und das letzte Viertel gegeneinander auszutauschen, weil dort der Mond »auf dem Kopf steht«).

Im obigen Problem hatte der Mond zwei Drittel seines Weges von seinem Höchststand bei Sonnenuntergang zu seinem Untergang um Mitternacht zurückgelegt. Sonnenuntergang war um 19 Uhr 30. Also teilt der gesamte Zeitpunkt die zeitliche Strecke von 19 Uhr 30 bis Mitternacht genau im Verhältnis zwei zu eins.

Also war es ungefähr 22 Uhr 30.

9.

Diese Form wird gewählt, um sicherzustellen, daß die Zeitskala auf dem Glas uniform ist. Das soll bedeuten, daß gleichlange Abstände zwischen den Einteilungsstrichen gleichlangen Zeitintervallen entsprechen. Würde sich das Glas nicht verjüngen, so würde die oberste Sandschicht mit stetig abnehmender Geschwindigkeit fließen.

10.

Sie läuft schneller. Der wichtigste Bestandteil einer mechanischen Uhr ist die Unruhe. Diese schwingt genau 300mal in einer Minute. Das Trägheitsmoment der Unruhe ist in Luft wegen deren Viskosität geringfügig größer als im Vakuum – die Unruhe muß die Luft um sich herum mitziehen. In den Bergen ist sowohl die Dichte als auch die Viskosität der Luft etwas geringer, weshalb die Unruhe schneller schwingen kann.

2. Freier Fall & andere Bewegungen

11.

Es sieht fast so aus, als wolle sich der abgebildete Mann an seinen eigenen Schnürsenkeln hochziehen, was, ungeachtet der großmauligen Geschichten des Barons Münchhausen, unmöglich ist. Aber unser Mann tut das nicht. Tests haben gezeigt, daß ein 90 Kilogramm schwerer Mann nicht nur sich selbst, sondern zusätzlich auch noch eine Platte von 50 kg hochziehen kann.

Im Diagramm zieht der Mann (dessen Gewicht gleich Mg sei) am Seil mit der Kraft T. Diese ruft im Seil einen Zug T hervor. Wir wollen annehmen, daß die Rolle und das Seil gewichtslos seien und die Rolle keinerlei Reibung verursacht. T wird um die Rolle herum weitergeleitet und zieht dann nach oben. Aus dem dritten Newtonschen Axiom folgt, daß der Mann, indem er das Seil nach oben zieht, mit derselben Kraft noch zusätzlich zu seinem Gewicht die Platte (deren Gewicht mg sei) nach unten drückt. Auf diese wirken also die aufwärts gerichtete Kraft T + T = 2 T und die abwärts gerichtete Kraft mg + Mg + T. Befindet sich die Platte im Gleichgewicht, so müssen diese beiden Kräfte gleich groß sein, also muß gelten: T = mg + Mg. Zieht der Mann mit einer Kraft, die größer ist als die Summe seiner Gewichtskraft und derjenigen der Platte, so wird er sich vom Boden lösen.

12.

Die Antwort lautet ja – aber nicht nur deshalb, weil viele Straßen holprig sind. Pro Streckenabschnitt müssen sich nämlich die 30 cm großen Räder doppelt so oft drehen wie die größeren. Deshalb muß im Falle der kleineren Räder mehr Arbeit gegen die Reibung geleistet werden.
Straßen sind nicht nur holprig, sondern es pflegen auch kleine Steine auf ihnen zu liegen. Die horizontale Kraft, die erforderlich ist, um das 30-cm-Rad über einen kleinen Stein zu schieben, ist größer als diejenige, die man für das 60-cm-Rad benötigt. Aus diesem Grunde hatten die berühmten Conestoga-Wagen, die man bei der Besiedlung des amerikanischen Westens verwendete, so große Räder.

13.

1. Der obere Faden wird reißen. Er muß nämlich das Gewicht des Körpers und das Gewicht des Ringes sowie den nach unten gerichteten Zug am Ring aushalten. Der untere Faden muß nur den beiden letzteren standhalten.
2. Die träge Masse des Körpers wirkt einer Bewegung des Körpers entgegen. Die Kraft des Ruckes aber steigt bis zu einem Grenzwert an, bei dem der untere Faden zerreißt.

14.

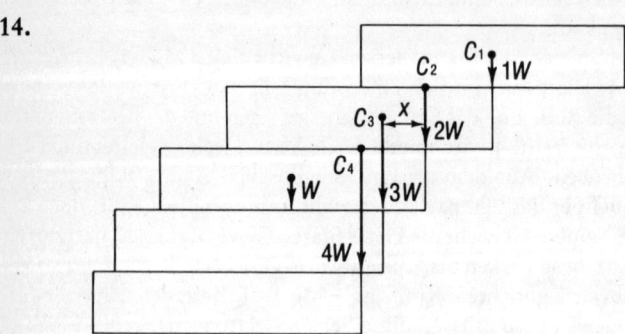

Das ist in der Tat möglich. Und zwar kann der Ziegelstein nicht nur um eine Länge überstehen, sondern um so viele, wie man will. Betrachten Sie das Diagramm links unten: Wenn ein Stein auf einem anderen liegt, so bleibt er liegen, solange sich sein Schwerpunkt irgendwo *über* dem unteren Stein befindet. Den größten Vorsprung – er beträgt genau die Hälfte der Steinlänge – erzielt man, wenn der Schwerpunkt C_1 des oberen Steines genau über der Randfläche des unteren Steines zu liegen kommt. Wie können wir nun zwei Steine auf einen dritten legen, um einen maximalen Vorsprung zu erreichen? Der gemeinsame Schwerpunkt der beiden Steine – in der Zeichnung ist er mit C_2 bezeichnet – liegt eine viertel Steinlänge vom Ende des zweiten Steines entfernt. Wir legen C_2 genau über das Ende des dritten Steines. Der zweite Stein ragt dann um eine viertel Steinlänge über den dritten hinaus.

Wenn wir diese drei Steine mit einem maximalen Vorsprung auf einen vierten legen wollen, müssen wir deren gemeinsamen Schwerpunkt C_3 ermitteln. Das Drehmoment, das das Gesamtgewicht der beiden oberen Steine auf C_3 ausübt, muß gleich dem Drehmoment an C_3 sein, das der unterste Stein ausübt.

Es sei x der Kraftarm des Gesamtgewichtes 2 W der beiden oberen Steine, das in C_2 angetragen wird, bezüglich C_3. L sei die Länge der Steine. Dann ist der Kraftarm des untersten Steines bezüglich C_3 gleich $L - x$. Das liefert uns die Gleichung

$$W\left(\frac{L}{2} - x\right) = 2\,W\,x,$$

was zur Lösung $x = L/6$ führt. Der maximale Vorsprung des dritten Steines über den vierten hinaus beträgt ein sechstel Steinlänge. Genauso leiten wir den Vorsprung y des vierten Steines über den fünften ab. Die Gleichung der Drehmomente bezüglich C_4 – das ist der gemeinsame Schwerpunkt der oberen vier Steine – liefert die Gleichung

$$W\left(\frac{L}{2} - y\right) = 3\,W\,y,$$

deren Lösung $y = L/8$ ist. Es ist offensichtlich, daß die Gleichung, die die Lage des gemeinsamen Schwerpunktes C_5 der oberen fünf Steine liefert, auf der rechten Seite den Ausdruck $4\,W$ haben wird. Das führt auf die Lösung $L/10$ für den maximalen Vorsprung. Dann kommt $L/12$ – und so weiter. Um den Gesamtvorsprung V des obersten Steines über den untersten errechnen zu können, müssen wir die Vorsprünge der einzelnen Steine addieren:

$$V = \frac{L}{2} + \frac{L}{4} + \frac{L}{6} + \frac{L}{10} + \cdots$$

$$= \frac{L}{2}\left(1 + \frac{1}{2} + \frac{1}{3} + \frac{1}{4} + \frac{1}{5} + \ldots\right)$$

In der Klammer steht die wohlbekannte harmonische Reihe. Diese konvergiert nicht, weshalb V – legt man nur hinreichend viele Steine übereinander – jede endliche Zahl übertreffen kann.

15.

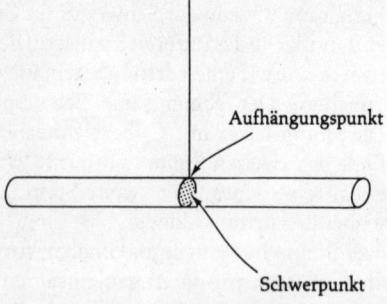

Ein Stab, der in seinem Schwerpunkt aufgehängt worden ist, befindet sich in jeder beliebigen Lage im Gleichgewicht.
Ein Stab, der in einem Punkt, der oberhalb seines Schwerpunktes liegt, aufgehängt wird (vergleiche Abbildung), nimmt eine horizontale Gleichgewichtslage ein – weil sich in der Gleichgewichtslage der Schwerpunkt in derselben Vertikalen befinden muß wie der Aufhängepunkt.

16.

Der Abstand zwischen den Köpfen bleibt unverändert. Dabei spielt es keine Rolle, welche Schraube festgehalten wird.
Solange die Gewinde ineinandergreifen, ist eine Bewegung der Schraube B im Uhrzeigersinn um Schraube A dasselbe wie eine Bewegung von A gegen den Uhrzeigersinn um B. Dabei nehmen wir den Standpunkt des Schraubenkopfes ein. Während sich B entlang des Gewindes von A in Richtung auf den Kopf von A hin bewegt, bewegt sich A entlang des Gewindes von B vom Kopf der Schraube B weg. Die Bewegungen der beiden Schrauben heben sich somit gegenseitig auf. (Sollten Sie keine zwei gleichartigen Schrauben zur Hand haben, so kann man, um sich das Problem zu veranschaulichen, zwei Finger verwenden.)

17.

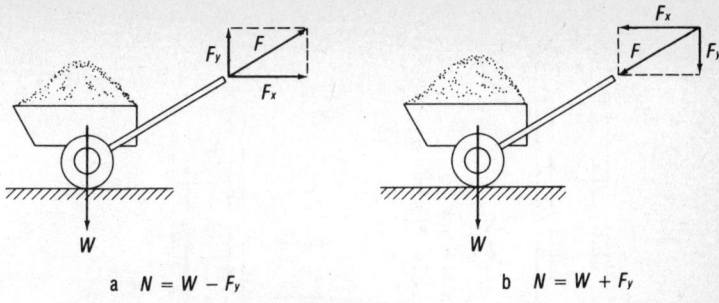

a $\quad N = W - F_y$ b $\quad N = W + F_y$

Es ist einfacher, den Schubkarren zu ziehen. Das obige Diagramm macht deutlich, daß die Zugkraft F eine nach oben gerichtete Komponente F_y besitzt, die von der Gewichtskraft W des Schubkarrens abzuziehen ist. Das verkleinert die Normalkomponente der Kraft, die das Rad auf den Boden drückt. Die Zeichnung b zeigt, daß das Schieben eine abwärtsgerichtete Komponente F_y hervorruft, die zur Last des Schubkarrens addiert werden muß. Die Reibungskraft $F = \mu N$ ist im Falle des Ziehens kleiner.

18.

Die Grundgleichung der gleichmäßig beschleunigten Bewegung lautet

$$s = v_0 t + \frac{1}{2} a t^2 \, ,$$

wobei v_0 die Anfangsgeschwindigkeit zur Zeit $t = 0$ ist. Ist diese gleich Null, so vereinfacht sich die Gleichung zu

$$s = \frac{1}{2} t^2 \, .$$

Ist aber $a = 0$, so erhalten wir die einfache Gleichung der gleichförmigen Bewegung

$$s = v_0 t = v t \, .$$

Der Schwindel in der Fragestellung steckt in der Gleichung $\frac{1}{2} a t^2 = v t$ (»weil diese beiden Ausdrücke beide gleich s sind«). Sie sind beide gleich s, allerdings unter verschiedenen Bedingungen. Das macht aber die beiden Ausdrücke noch lange nicht einander gleich!

19.

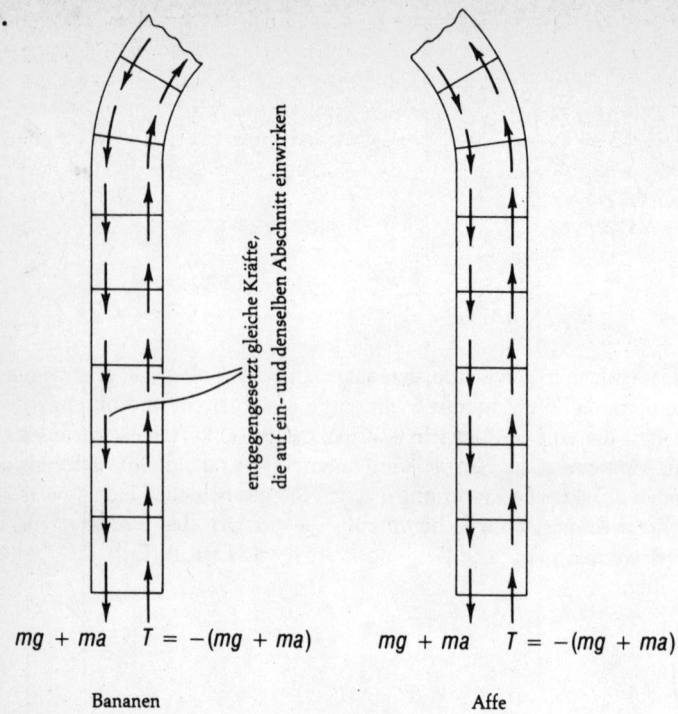

entgegengesetzt gleiche Kräfte, die auf ein- und denselben Abschnitt einwirken

$mg + ma$ $T = -(mg + ma)$ $mg + ma$ $T = -(mg + ma)$

Bananen   Affe

Der Affe beginnt, sich selbst hochzuziehen, indem er den Strick oberhalb seines Kopfes ergreift und ihn zu sich herunterzieht. Gemäß dem dritten Newtonschen Axiom reagiert der Strick, indem er den Affen hochzieht. Die Spannung des Seiles muß nicht nur das Gewicht des Affen aushalten, sondern auch noch die Kraft aufbringen, die den Affen nach oben entlang des Seiles beschleunigt. Der Leser kann diese Behauptung nachprüfen, indem er ein Gewicht an das Ende einer Schnur bindet, die er dann plötzlich nach oben zieht. Man bemerkt dann eine plötzliche zusätzliche Spannung in der Schnur – so, als ob das Gewicht schwerer geworden wäre. Nun ist diese Spannung nichts anderes als die Kraft, die ein Abschnitt des Stricks auf den angrenzenden ausübt. Teilen wir den Strick, so wie die Abbildung das andeutet, in Abschnitte ein, so erkennen wir, daß sich nach dem dritten Newtonschen Axiom die Spannung entlang des Strickes durch eine Kette von identischen Aktions-Reaktions-Paaren fortpflanzt. Bei einem nicht dehnbaren Strick wird die Spannung entlang des Strickes überall gleich groß sein.

Betrachten wir nun die Situation an dem Ende des Stricks, das der Affe in Händen hält. Auf den letzten Abschnitt wirkt das Gewicht mg des Affen sowie ein abwärts gerichteter Zug ma ein, der entsteht, wenn der Affe zu klettern beginnt. (Der Zug verleiht ihm die Beschleunigung a, so daß der Betrag des Zuges ma ist.) Diese abwärts gerichtete Kraft ruft eine Spannung T der Größe $T = -(mg + ma)$ im Strick hervor, die den Affen nach oben zieht.

Am anderen Ende des Strickes wirkt eine gleich große Kraft auf die Bananen und zieht sie mit der gleichen Geschwindigkeit nach oben. Der Affe und die Bananen wandern also gleichmäßig nach oben.

20.

Nur die Kräfte sind in beiden Fällen gleich groß. Bei (b) beschleunigt nur die Kraft der Hand den Wagen, während bei (a) die auf das 5-Pfund-Gewicht wirkende Schwerkraft nicht nur den Wagen, sondern auch dieses Gewicht beschleunigen muß.

21.

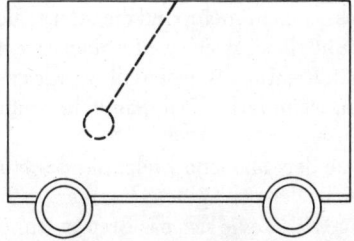

Das erste Newtonsche Axiom gilt in der Form der Problemstellung nur für Massenpunkte. Wollen wir die Bewegung zusammengesetzter Körper behandeln, so ist »Körper« zu ersetzen durch den Ausdruck »Schwerpunkt eines Systems von Massen«.

Nun können sich erstens die Bestandteile eines Systems bewegen, obwohl dessen Massenmittelpunkt im Zustand der Ruhe verharrt. Das wird von der Anschauung her noch interessanter, wenn einige Komponenten des Systems nicht zu sehen sind. Die obige Abbildung zeigt einen Wagen mit Pendel: ein leichter, geschlossener Wagen enthält ein schweres Pendel, das an dessen Decke befestigt ist und schwingen kann. Wird das

Pendel losgelassen, so rollt der Wagen vor und zurück und kommt, falls keine Reibung vorhanden ist, an seinem Ausgangspunkt schließlich wieder zur Ruhe. Wenn das Pendel für uns unsichtbar ist, könnten wir auf die Idee verfallen, der Massenmittelpunkt des Systems bewege sich – da sich auch der Wagen bewegt. Dies würde dem ersten Axiom in der Form, wie es oben ausgesprochen wurde, widersprechen: denn es gäbe im Falle der Reibungsfreiheit keine äußere Kraft, die für die Bewegung des Wagens verantwortlich gemacht werden könnte. Aber ein Blick ins Innere zeigt, daß der Wagen sich nach rechts bewegt, wenn das Pendel nach links ausschlägt. Der Massenmittelpunkt des Systems bleibt dabei im Zustand der Ruhe.

Die zweite Möglichkeit besteht darin, daß sich der Massenmittelpunkt eines Systems bewegt, der Kasten aber, der das Innere des Systems umschließt, in Ruhe bleibt – wie bei unserem hüpfenden Gefährt, bis der Hammer auf das Brett trifft. Wenn unser Mann anfängt, den Hammer zu schwingen, hat das Brett eine Bewegungstendenz in Richtung A, um den Massenmittelpunkt in Ruhe zu halten. Aber die äußere statische Reibungskraft wirkt in die Richtung B und hindert das Brett daran, sich von der Stelle zu bewegen. Deshalb muß sich der Massenmittelpunkt des Systems in Richtung B verlagern. Also bewegt sich bereits der Massenmittelpunkt, obwohl das Brett und die Kiste noch in Ruhe sind.

Wenn der Hammer auf das Brett trifft, überträgt sich sein Impuls. Die statische Reibung wirkt nicht mehr, und die interne Bewegung hört auf. Der Massenmittelpunkt bewegt sich weiterhin nach dem ersten Newtonschen Axiom stetig in Richtung B. Jedenfalls würde er sich in der geschilderten Art bewegen, wenn nicht die dynamische Reibungskraft in Richtung A wirksam würde.

Die äußere Kraft, die den Massenmittelpunkt des Hüpfmobils in Richtung B treibt, ist nicht der Schlag des Hammers, sondern die statische Reibung, die so lange wirkt, wie sich das Brett in Ruhe befindet (vergleiche die Abbildung auf Seite 19).

22.

Die Bewegung rührt vom Auf und Ab des Schwerpunktes des Blutes her, das durch den Rhythmus des Herzens verursacht wird. Im Falle einer Person, die 75 kg wiegt, ist die Amplitude der Schwingung der Waage ungefähr 30 g.

23.

Der Fall dauert länger als 3 Sekunden. Der Stein verliert Energie durch Zusammenstöße mit Luftpartikeln. Deshalb ist seine kinetische Energie (und damit seine Geschwindigkeit) in der Abwärtsrichtung kleiner.

24.

1. In Abwärtsrichtung müssen beide Steine dieselbe Entfernung zurücklegen. Sie werden beide gleich stark nach unten beschleunigt. Also werden sie unausweichlich zum selben Zeitpunkt auf dem Boden aufschlagen.
2. Die Luftreibungskraft F_r ist proportional zum Quadrat der Geschwindigkeit

$$F_r \approx v^2 = v_x{}^2 + v_y{}^2.$$

Dabei bedeuten v_x und v_y die horizontale beziehungsweise die vertikale Komponente der Geschwindigkeit. Die Kraft, die vertikal auf einen Stein wirkt, ist gleich der resultierenden aus der abwärts gerichteten Schwerkraft und der nach oben wirkenden Luftreibungskraft. Wird ein Stein horizontal geworfen, so ist seine Geschwindigkeit größer – und damit auch die Luftreibungskraft. Deshalb wird dieser Stein langsamer fallen und den Boden erst später erreichen.

25.

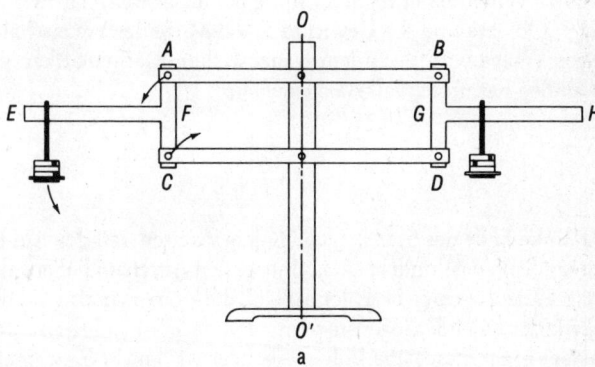

a

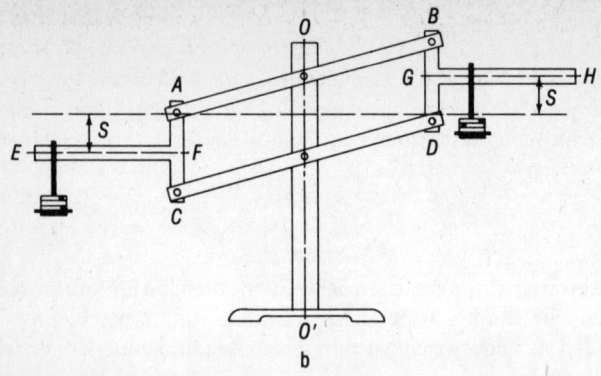

b

In den beiden Abbildungen (a) und (b) sind die Verbindungen AC und BD immer vertikal, während die Stäbe EF und GH, die starr an den Verbindungen befestigt sind, immer horizontal sind. Weil F und G gleich weit von der zentralen Achse 00' entfernt sind, bewegen sich die Gewichte, die an EF und GH hängen, gleich weit nach unten beziehungsweise nach oben (in der Abbildung (b) ist dies die Länge S). Das ist nicht davon abhängig, wo an den Stäben die Gewichte festgemacht sind. Da die Gewichte gleich groß sind, muß die Arbeit, die die Schwerkraft verrichtet, indem das Gewicht an EF nach unten bewegt wird, genauso groß sein wie die Arbeit, die nach dem Anheben im Gewicht GH steckt. Deshalb ist keines der Gewichte von der Mechanik her gesehen im Vorteil, weshalb das System im Gleichgewicht bleibt.

Wenn wir die Stäbe EF und GH wegnehmen und statt ihrer Waagschalen in A und B befestigen, erhalten wir eine Waage mit einer sehr nützlichen Eigenschaft: Wir müssen nämlich nicht darauf achten, daß wir die zu wiegenden Objekte und die Gewichte in die Mitte der Waagschalen legen. Diese Waage wird nach dem französischen Mathematiker, der sie 1665 erfunden hat, Roberval-Waage genannt.

26.

Weil das linke Ende des Stabes (gemäß dem zweiten Teil der Aufgabenstellung) am Fallen gehindert ist, könnte es den Anschein haben, als falle das rechte Ende mit einer Beschleunigung, die kleiner ist als g. In diesem Falle würde der fallende Gegenstand mit dem rechten Ende in Berührung bleiben oder sogar dieses überholen. Aber das wird nicht eintreten.

Das Gravitationsgesetz wird nicht verletzt, weil sich der fallende Stab nicht im Zustand des freien Falles befindet. Würde der Stab frei und ohne Eigendrehung fallen, so würden sein Schwerpunkt sowie alle anderen zu ihm gehörigen Punkte mit der Beschleunigung g fallen. Aber es gibt die folgenden Kräfte, die auf den Stab einwirken: auf das linke Ende wirkt eine aufwärts gerichtete Kraft, während auf den Schwerpunkt die abwärts gerichtete Gravitation einwirkt. Hieraus folgt, daß dieses Kräftepaar bestrebt ist, den Stab im Sinne des Uhrzeigersinnes zu rotieren. Es gibt keinen Grund, warum dieses Kräftepaar keine Beschleunigung hervorrufen sollte, die größer als g ist.

3. Aquarien, Ballons & Kaffeekannen: Flüssigkeiten & Gase

27.

Die beiden Dämme sind bei gleicher Dicke beide sicher. Der Druck einer Flüssigkeit hängt nur von der Höhe h der Flüssigkeitssäule über einem Punkt ab; er ist gleich $p = p_a + \varrho g h$, wobei p_a der atmosphärische Druck, ϱ die Dichte der Flüssigkeit und g die Erdbeschleunigung ist. Die Kraft, die aus dem hydrostatischen Druck resultiert, wirkt senkrecht zu der Fläche, die in die Flüssigkeit eingebettet ist.* Eine einzelne Kraft F, die auf einen Punkt einwirkt, der sich zwei Drittel unterhalb des höchsten Punktes des Dammes befindet, kann die gesamte Kraft, die durch den Druck des Wasser zustande kommt, ausgleichen.

28.

Nein, das ist nicht möglich. Trinkt man eine Flüssigkeit durch einen Strohhalm, so saugt man diese nicht an: Vielmehr erzeugt man im Mund, indem man die Lungen ausdehnt, einen Unterdruck. Der schiebt die Flüssigkeit durch den Strohhalm hoch. Im gestellten Problem hat aber die Oberfläche des Wassers keinen Kontakt zum Luftdruck. Deshalb gibt es keine Kraft, die die Flüssigkeit hochdrücken könnte.
Stellt man das Gefäß auf den Kopf, so wird fast kein Wasser herauslaufen (es sei denn, der Strohhalm hat einen großen Durchmesser). Denn wenn das Wasser in den Strohhalm zu fließen beginnt, bildet sich im Gefäß über dem Wasser ein Vakuum, und der Druck der Atmosphäre wird das Wasser gegen die Schwerkraft zurückdrücken. Um das Vakuum zu zerstören, muß man zu gleicher Zeit Luft in das Gefäß hineinlassen und Wasser herauslassen. Dann wird die Luft den leeren, vom Wasser geräumten Raum ausfüllen. Aus diesem Grunde ist es günstiger, zwei Löcher in eine Dose zu machen, wenn man möchte, daß der Inhalt schnell herausfließt.

---

* Hier ist das die Stirnwand des Dammes (A. d. Ü.)

29.

Ja, die Waagschale mit dem Eimer Wasser geht nach oben. Das Wasser übt eine auftreibende Kraft auf den Finger aus. Diese ist gleich $\varrho V g$, wobei ϱ die Dichte des Wassers, V das Volumen des eingetauchten Fingers und g die Erdbeschleunigung ist. Nach dem dritten Newtonschen Axiom muß der Finger eine gleichgroße, entgegengesetzt gerichtete Kraft auf das Wasser ausüben. Diese Kraft pflanzt sich auf dem Boden des Eimers und damit auf die sich im Gleichgewicht befindende Waagschale fort, weshalb sich diese nach unten neigt.

30.

H_2 bedeutet ein Wasserstoffmolekül, das zwei Wasserstoffatome enthält. Somit ist H_2 gleich H plus H und nicht gleich H mal H. Dasselbe gilt für Cl_2 und für HCl.

31.

Das Schiff schwimmt. Hierbei handelt es sich um einen Fall des hydrostatischen Paradoxons: Der Druck an einer Stelle des Wassers hängt nur vom vertikalen Abstand dieses Punktes von der Wasseroberfläche ab. Wir haben eine natürliche Neigung zu glauben, daß der hydrostatische Druck etwas mit dem Gesamtgewicht des Wassers in einem Behältnis zu tun habe. Das ist falsch. Der Druck an allen Punkten des Schiffsrumpfes hängt nur von *dessen* Tiefe ab; das Schiff »weiß nicht«, ob es von einem Ozean oder bloß von einer 1 cm dicken Wasserschicht umgeben ist. Wenn das Dock Meerwasser enthält, wird das Schiff soweit eingetaucht bleiben, wie es auf offener See gewesen ist.
Die seitliche Schubkraft wird im Dock mit derselben Kraft auf den Schiffsrumpf drücken, wie sie dies auf offener See tat. Ein Schiff, das auf kleinen Seen fahren soll, muß genauso massiv gebaut werden wie ein hochseetüchtiges (dabei werden allerdings die Auswirkungen der Wellen nicht berücksichtigt).

32.

Die Waage zeigt das Gesamtgewicht von Quecksilber und Rohr an. Die abwärts gerichtete Kraft des Luftdrucks, die am oberen Ende des Barome-

terrohres angreift, ist praktisch gleich dem Gewicht der Quecksilbersäule, weil ja das Quecksilber vom Luftdruck hochgedrückt wird. Nun ist
die aufwärts gerichtete Kraft im Rohr gleich Null, da der Druck, der über
der Quecksilbersäule herrscht, Null ist. Dabei wird der von den Quecksil-
berdämpfen hervorgerufene Druck vernachlässigt. Somit wirken zwei
nach unten gerichtete Kräfte auf das Rohr: nämlich seine Gewichtskraft
und der nicht ausgeglichene Luftdruck.

33.

Ja. Der Schwamm dehnt sich aus, wenn er naß ist. Zusätzlich nimmt das
Wasser den größten Teil des Schwammvolumens ein.

34.

a   b

Auf ein untergetauchtes Unterseeboot wirken von allen Seiten Kräfte,
die vom hydrostatischen Druck verursacht werden und in allen Punkten
senkrecht zum Schiffsrumpf wirken. Diese Kräfte nehmen proportional
zur Tiefe zu (a). Je 10 Meter Tiefe wird der Druck um eine Atmosphäre
größer.
Kommt ein Unterseeboot auf einen lehmigen Untergrund zu liegen, so
kann es geschehen, daß die Wasserschicht zwischen Boot und Untergrund herausgedrückt wird. Damit geht ein Großteil der das Schiff auf-
treibenden Kräfte verloren (b), die nach unten gerichteten Kräfte wirken
aber wie zuvor. Sie drücken das Unterseeboot auf den Grund.

35.

Wenn die Pfunde nicht gleich viel *wiegen*, sind Masseneinheiten gemeint. Die Masse von einem Pfund Federn hat ein erheblich größeres Volumen als die Masse von einem Pfund Eisen. Die Auftriebskraft (gleich dem Produkt aus Volumen und Luftdichte) ist im Falle der Federn größer; folglich wiegt ein Pfund Federn weniger als ein Pfund Eisen.

36.

Die Membran beult sich in Richtung des größeren Wasservorrates aus. Der horizontale Druck auf die Membran hängt nur von der Tiefe des Wassers ab und nicht von der Größe der Wassermenge in einer Abteilung (vergleiche Antwort 27). Wäre die größere Abteilung auf der rechten Seite bis ins Unendliche erweitert, könnte dennoch eine kleine Wassermenge diesen Ozean in Schach halten!

37.

Kaffeekannen können immer nur bis zur Höhe des Ausgusses gefüllt werden. Im vorliegenden Fall befinden sich die Ausgüsse in gleicher Höhe, so daß die Kannen gleich viel Flüssigkeit aufnehmen können.

38.

Nein, die Lage des Hölzchens verändert sich nicht. Man betrachte die Druckverteilung in dem fallenden Glas Wasser: Die Bewegungsgleichung lautet für eine Wassersäule der Höhe h (von der Oberfläche her gemessen)

$$pS + ma = mg + p_o S,$$

wobei p der Druck ist, S die Querschnittsfläche der Wassersäule und m die Gesamtmasse der Wassersäule (welche sich gemäß der Gleichung $m = \varrho Sh$ berechnet, wobei ϱ die Dichte des Wassers ist). Die Gleichung bedeutet, daß sich die Wassersäule im Gleichgewicht befindet. Die aufwärts gerichteten Kräfte sind pS (das ist gerade der Auftrieb, der auf die Unterfläche der Säule wirkt) und ma (weil die abwärts gerichtete Beschleunigung im Bezugssystem des Aufzuges eine entgegengesetzte

Trägheitskraft auf die Wassersäule bewirkt und diese leichter macht, als sie in Wirklichkeit ist). Die abwärts gerichteten Kräfte sind das Gewicht mg und der Luftdruck $p_o S$, der auf die obere Grenzfläche der Wassersäule wirkt. Lösen wir diese Gleichung nach dem Druck auf, so erhalten wir:

$$p = p_o + \varrho h(g - a).$$

Die Auftriebskraft F, die auf das Holzstückchen wirkt, ist $F = \varrho V(g - a)$. Dabei bedeutet V das Volumen des Teiles, der sich unter der Wasseroberfläche befindet; p_o kürzt sich aus der Gleichung heraus, weil es sowohl eine abwärts gerichtete Kraft, die auf die Deckfläche des Holzes wirkt, als auch eine gleichgroße entgegengesetzte Auftriebskraft im Wasser auf das Holzstückchen bewirkt. Die Bewegungsgleichung des Blockes lautet also:

$$p_o S + \varrho V(g - a) + ma = mg + p_o S.$$

Dabei stehen auf der linken Seite die nach oben gerichteten Kräfte und auf der rechten die nach unten gerichteten.

Für das Volumen des eingetauchten Teiles des Holzstückchens ergibt sich hieraus $V = m/\varrho$. Denselben Wert würden wir auch aus dem Archimedischen Prinzip bekommen, angewandt auf den Fall eines ruhenden Aufzuges. Folglich wird das Holzstückchen nicht mehr aus dem Wasser herausragen, wenn sich der Aufzug nach unten bewegt. Es läßt sich auch anschaulich einsehen, daß – während die nach unten gerichtete Beschleunigung den Auftrieb verringert – das scheinbare Gewicht des Holzes um den gleichen Betrag verringert wird, was dazu führt, daß der Gleichgewichtszustand erhalten bleibt.

(In unserer Darstellung haben wir die Auswirkungen der Oberflächenspannung vernachlässigt. Bei $g = 0$ kann das Holzstückchen gänzlich schwimmen oder es kann ein Stückchen unter die Oberfläche sinken. Das hängt davon ab, wie stark das Wasser das Holz benetzt.)

39.

Nein, sie spüren ihn nicht. Ein Ballon kann nicht horizontal fliegen, außer er wird vom Wind getrieben. Bläst der Wind beständig in eine Richtung, so nimmt der Ballon rasch dieselbe Geschwindigkeit wie der Wind an. Deshalb ist seine Relativgeschwindigkeit bezüglich des Windes Null. Folglich empfinden die Insassen des Ballons den Wind überhaupt nicht.

40.

Die beiden Eimer haben dasselbe Gewicht. Nach dem Archimedischen Prinzip hat die von einem schwimmenden Körper verdrängte Wassermenge dasselbe Gewicht wie der verdrängende Körper.

41.

Der Ballon bewegt sich nach rechts, obwohl das Kind sich nach links gezogen fühlt. In einer Rechtskurve wirkt eine Zentripetalbeschleunigung auf das Auto, die es zum Mittelpunkt der Kurve zieht. Sowohl die Luft im Wageninnern als auch der Ballon tendieren auf Grund ihrer Trägheit dazu, die geradlinige Beschleunigung beizubehalten. Deshalb sieht es für den Beobachter im Wagen so aus, als wären sie nach links verschoben – und zwar so, als ob die Zentrifugalkraft sie nach außen gedrückt hätte. Also baut sich ein Druck zum Kurvenäußeren auf, da alle Luftvolumina auf ihren Nachbarn zur Linken drücken. Der Ballon wird stärker nach rechts als nach links gezogen, weil der Druck, der von links auf ihn wirkt, geringer ist als derjenige von rechts. Also gibt es eine Differenzkraft, die nach rechts gerichtet ist und auf den Ballon wirkt. Diese ist vollkommen analog der Auftriebskraft, die in der Atmosphäre auf Grund des Gravitationsfeldes wirkt.

42.

Der Wagen neigt sich nach rechts und nicht nach links – also weg von den vorbeifahrenden Wagen –, wie man annehmen könnte. Der Grund hierfür ist als Bernoullis Prinzip formuliert: Bewegen sich eine Flüssigkeit und ein Kanal, durch den sie fließt, in Relativbewegung zueinander, so ist der Druck innerhalb der Flüssigkeit umgekehrt proportional zur Relativgeschwindigkeit der Bewegung. Eine hohe Geschwindigkeit vermindert den Druck zwischen den Autos. Der unveränderte Druck, der von außen kommt, versucht, die Autos zusammenzuschieben. Das führt gelegentlich zu gefährlichen Situationen.

43.

Die meisten Leute meinen, feuchte Luft sei schwerer. Aber das ist nicht der Fall. Eine feuchte Atmosphäre kommt zustande, wenn man einen Teil der trockenen Luft durch Wasserdampf ersetzt. Dieser ist aber leichter als Luft. Trockene Luft besteht volumenmäßig aus 78 Prozent Stickstoffmolekülen N_2 (mit dem Molekulargewicht 28) und 21 Prozent Sauerstoffmolekülen O_2 (mit dem Molekulargewicht 32). Die in Spuren vorhandenen sonstigen Bestandteile sind sogar noch schwerer. Das Molekulargewicht von Wasser (H_2O) ist bloß 18.

Natürlich ist aber *flüssiges* H_2O schwerer als Luft: Es fällt sofort zu Boden.

44.

Das Diagramm (b) ist korrekt: Der mittlere Strahl reicht am weitesten nach rechts. Nach dem Gesetz von Torricelli ist die kinetische Energie eines Strahls beim Austritt durch ein Loch gleich der potentiellen Energie, die der Wasserspiegel verliert, indem er auf das Niveau des Loches herabsinkt,

$$\frac{1}{2} m v_x^2 = m g h,$$

wobei m die Masse des Wassers, v_x die anfängliche horizontale Geschwindigkeit, g die Erdbeschleunigung und h die ursprüngliche Distanz zwischen Wasserspiegel und Loch bedeutet. Lösen wir die Gleichung nach v_x auf, so erhalten wir $v_x = 2\,g\,h$.

Nun ergibt sich die Strecke in horizontaler Richtung, die der Strahl durchläuft, zu $s_x = v_x\,t$.

Dabei bedeutet t die Zeit, die der Strahl braucht, um die Strecke $L - h$ vom Loch bis zum Kannenboden zu durchfallen (L soll die ursprüngliche Höhe des Wasserspiegels in der Kanne sein). Andererseits gilt

$L - h = \frac{1}{2} g\,t^2$ und damit[*)] $s_x = 2\,h(L - h)$.

Dieser Ausdruck wird maximal, wenn h gleich $L - h$ ist (vergleiche Antwort 4) oder, was damit äquivalent ist, wenn $h = \frac{1}{2} L$.

[*)] Man löse die vorangehende Gleichung nach t auf und setze den erhaltenen Ausdruck sowie den Ausdruck für v_x in die Gleichung für s_x ein. (A. d. Ü.).

45.

Auf einen fliegenden Pfeil wirken drei Kräfte ein: 1. sein Gewicht; 2. der Luftwiderstand und 3. der Auftrieb in der Luft. 3. können wir vernachlässigen, da diese Kraft sehr gering ist. 1. greift am Schwerpunkt an und kann deshalb keine Rotation bewirken. Deshalb muß die Drehbewegung durch den Luftwiderstand hervorgerufen werden. Das gefiederte Ende besitzt einen größeren Widerstand als die schlanke Spitze. Deshalb kann der Pfeil die Flugrichtung halten, ohne sich ständig um die eigene Achse zu drehen.

46.

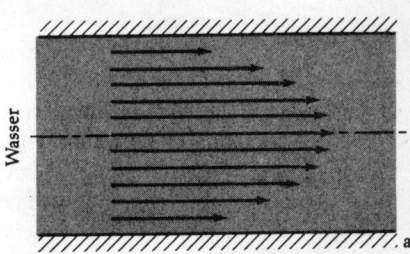

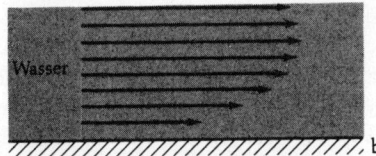

Beide Erscheinungen sind auf eine besondere Form der Reibung zurückzuführen, die es nur in Flüssigkeiten und Gasen gibt. Reibung im üblichen Sinn des Wortes entsteht, wenn es zwischen zwei Körpern eine Relativgeschwindigkeit gibt oder versucht wird, sie relativ zueinander zu bewegen. In einer Flüssigkeit können sich zwei aneinandergrenzende Schichten mit verschiedenen Geschwindigkeiten bewegen. Das verursacht innere Reibung, auch Viskosität genannt.

Die langsamere Schicht bremst die schnellere, die schnellere Schicht beschleunigt die langsamere. Im Gleichgewichtszustand wird die kinetische Energie der Bewegung teilweise in Wärme umgewandelt, was zur Folge hat, daß die Durchschnittsgeschwindigkeit der Flüssigkeit sinkt.

Vielleicht haben Sie schon einmal bemerkt, daß eine Staubschicht auf einem Ventilatorflügel liegen bleibt – selbst wenn der Ventilator stundenlang läuft. Dies liegt daran, daß die Relativgeschwindigkeit einer

Flüssigkeitsschicht, die unmittelbar an die Oberfläche eines festen Körpers grenzt, Null ist. Die Flüssigkeit klebt an der Oberfläche und kann sich nicht relativ zu dieser bewegen.

Die wichtigste Konsequenz aus dieser Tatsache ist die Bildung von Grenzschichten, das sind Schichten, in denen der Fluß verzögert ist. Dieser Prozeß beginnt mit der ruhenden Schicht an der Grenze, die aufgrund der Viskosität die nächste Schicht abbremst und diese immer langsamer macht. In dem Maße, wie die zweite Schicht an Schwung verliert, bremst sie wegen der Viskosität die dritte Schicht ab und so weiter. Die Zuwächse an Geschwindigkeit werden schichtweise immer geringer, je weiter man sich von der Grenze wegbewegt; denn diese sind den ursprünglichen Geschwindigkeitsdifferenzen zwischen den Schichten proportional. Allmählich erreichen wir ein Gebiet, wo das Fließen praktisch unbehindert von der Viskosität stattfindet, die sich ja nur dort bemerkbar macht, wo eine Geschwindigkeitsdifferenz zwischen zwei aneinandergrenzenden Schichten vorliegt. Abbildung (a) zeigt, wie das Geschwindigkeitsprofil für das Fließen zwischen zwei Wänden aussieht. Wir können uns diese Wände als die Ufer eines Flusses vorstellen: dann ist klar, warum Flöße nahe der Flußmitte schneller dahingleiten.

Stehende Luft übt ebenfalls eine Abbremsung durch Viskosität auf das Wasser in einem Fluß aus. Deshalb erreicht die Fließgeschwindigkeit eines Flusses ihr Maximum nicht an der Oberfläche, sondern an Punkten, die sich geringfügig unterhalb dieser Oberfläche befinden. (Man vergleiche hierzu das Geschwindigkeitsprofil in der Abbildung (b).) Daraus folgt, daß ein schwerbeladenes Floß, das tief im Wasser liegt, von einem schnelleren Wasserstrom angetrieben wird als ein leichtbeladenes und daß es daher schneller fahren kann.

47.

Der Widerstand des Wassers ist im allgemeinen geringer, wenn man den Stab in den fließenden Strom hält.

Fließende Ströme haben immer Wirbel. Die Turbulenzen der freifließenden Stromgebiete pflanzen sich zu Turbulenzen in der Grenzschicht um den Stab fort (vergleiche Antwort 46). Damit erhält die sich langsam bewegende Grenzschicht zusätzliche kinetische Energie aus den frei fließenden Gebieten und kann deshalb ohne Verzögerung um den Stab fließen. Der Formwiderstand wird verringert. Damit wird aber auch die gesamte Abbremsung verringert, da der Reibungswiderstand bei runden Gegenständen unbedeutend ist.

4. Irdische Reisen

48.

Die Reibungskraft zwischen zwei Körpern ist direkt proportional der Kraft, die beide aufeinanderdrückt.

Wenn Sie bremsen, so neigt sich das Auto nach vorne. Dadurch wird die auf die Vorderräder wirkende Kraft vergrößert, während die auf die Hinterräder wirkende Kraft verkleinert wird. Durch eine Notbremsung auf trockener Fahrbahn kann eine zusätzliche Kraft von bis zu zehn Prozent der Gewichtskraft auf die Vorderräder wirken. Weil die Vorderräder 55 Prozent des Gewichtes des Autos tragen, müssen sie nun 65 Prozent desselben aushalten, wohingegen die Hinterräder nur noch mit 35 Prozent belastet sind. Also ist die Reibungskraft zwischen den vorderen Reifen und der Fahrbahn rund doppelt so groß wie diejenige bei den hinteren Reifen.

49.

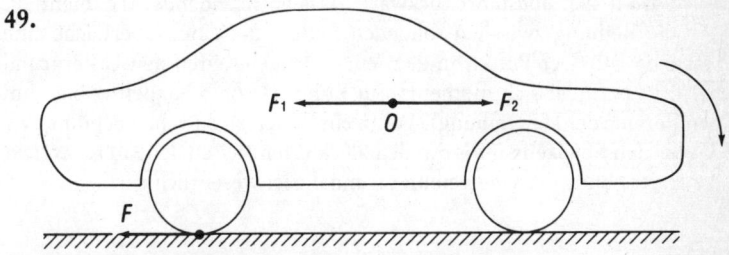

Heutzutage haben alle Autos Bremsen, die auf sämtliche vier Räder wirken. Wir beginnen mit den Vorderrädern.

Wenn alle Räder rollen, ohne zu rutschen, so ist die Reibung zwischen Rädern und Straße eine reine Rollreibung. Sobald man auf die Bremse tritt, rollen die Räder langsamer. Für Sekundenbruchteile ist die Vorwärtsbewegung des Autos wegen dessen Trägheit ein klein wenig schneller als die Drehbewegung der Reifen. Um am Wagen zu bleiben, müssen diese vorwärts rutschen, damit die Differenz der Geschwindigkeiten ausgeglichen wird. In diesem Augenblick beginnt die Gleitreibung dem Rutschen entgegenzuwirken, indem sie die Reifen nach hinten zu ziehen versucht. Werden die Bremsen gelöst, so verschwindet das Rutschen, und das Auto rollt weiter wie zuvor – allerdings mit einer geringeren Geschwindigkeit.

Wollen wir herausfinden, wie sich das Rutschen auf ein Auto während eines Bremsvorganges auswirkt, so benützen wir am besten einen Trick, der in der Mechanik ziemlich geläufig ist. Auf O (das ist der Schwerpunkt des Autos; vergleiche obige Abbildung) wenden wir zwei einander entgegengesetzte Kräfte F_1 und F_2 an, die gleich groß sein sollen und parallel zu der von der Gleitreibung verursachten Kraft F wirken sollen. Diese drei Kräfte lassen sich als ein System auffassen, das aus der einen Kraft F_1 und dem Kräftepaar besteht, das von F und F_2 gebildet wird. Die Wirkung von F_1 auf das Auto besteht im Abbremsen; das Kräftepaar wird die Kühlerhaube des Autos nach unten drehen.

Wiederholt man diese Analyse für den Fall, daß nur die Vorderräder abgebremst werden, so findet man eine drehende, nach unten wirkende Kraft. Werden aber alle vier Räder abgebremst, so addieren sich die Kräftepaare, und die drehende Kraft wird verstärkt.

50.

Das weiße Auto fährt mit der Kühlerhaube zuerst hinunter, das schwarze Auto dreht sich und fährt rückwärts. Das entscheidende Argument ist, daß die Reibung zwischen rollenden Reifen und einer Oberfläche eine statische ist. (Der Punkt, in dem ein rollender Reifen den Untergrund berührt, befindet sich momentan in Ruhe. Deshalb handelt es sich um den Bereich der Haftreibung). Wenn ein Reifen zu rutschen beginnt, wie das bei den Spielzeugautos mit den blockierten Reifen der Fall ist, weicht die Haftreibung der Gleitreibung – und die ist wesentlich geringer.

51.

Ein Auto, das einen Hügel hinunterfährt, wandelt potentielle in kinetische Energie um. Der Fahrer kann diese kinetische Energie durch Betätigen der Bremse in Wärme umwandeln und auf diese Weise die Abfahrt verlangsamen. Er kann aber dasselbe Ziel auch erreichen, indem er den Motor mit den Antriebsrädern vermöge des Getriebes verbindet; Reibungsverluste in dem sich drehenden Motor halten dann die Abwärtsgeschwindigkeit in Schach. Der Motor dreht sich am schnellsten im langsamsten Gang. Die Arbeit, die pro Zeiteinheit gegen die Reibung geleistet werden muß, nimmt mit der Umdrehungszahl des Motors zu; also ist die Bremswirkung im ersten Gang am größten.

52.

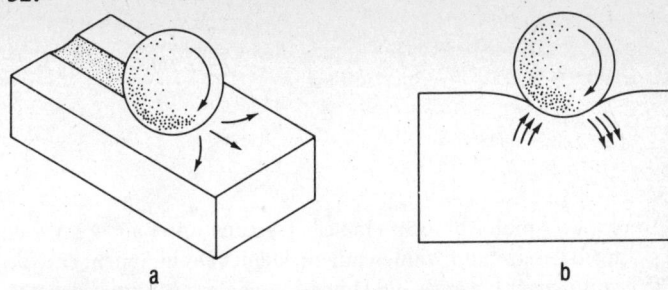

a   b

Rollreibung entsteht, wenn ein Rad, ein Ball oder auch ein Zylinder frei über eine Oberfläche rollt. Die Koeffizienten der Rollreibung sind im allgemeinen 100- bis 1000mal kleiner als die Koeffizienten der Gleitreibung für dieselben Materialien. Im Falle eines Reifens auf trockener Fahrbahn bewegt sich der Koeffizient der Rollreibung zwischen 0,01 und 0,03, derjenige der Gleitreibung zwischen 1 und 2.

Bis Mitte der 50er Jahre unseres Jahrhunderts glaubten die meisten Wissenschaftler, daß die Rollreibung durch ein Gleiten zwischen Ball und Oberfläche zustande käme, das einen kurzen Zeitraum andauere. Neuere Untersuchungen haben aber gezeigt, daß ein derartiges Gleiten beim Rollwiderstand nur eine ganz untergeordnete Bedeutung hat. Diese Bedeutung wird durch die Tatsache erhärtet, daß Schmiermittel, die die Gleitreibung beeinflussen, fast keine Auswirkung auf die Rollreibung haben.

Wir wollen uns überlegen, was geschieht, wenn eine harte Stahlkugel über eine glatte Oberfläche rollt: Sie drückt auf das Material unter sich und dasjenige um sich nach oben. Ist die Oberfläche weich – besteht sie beispielsweise aus Blei oder Kupfer –, so entsteht eine dauerhafte Furche (vergleiche Abbildung *a*). Die erforderliche Kraft, um die Rinne zu formen, ist fast genau gleich der beobachteten Rollreibung.

Ist die Oberfläche elastisch (wie zum Beispiel Gummi), so bildet sich keine dauerhafte Rinne. Das Gummi hinter dem rollenden Ball nimmt aufgrund seiner Elastizität seine alte Lage wieder ein und schiebt die Kugel dabei vorwärts (vergleiche Abbildung *b*). Es gibt kein vollkommen elastisches Material, weshalb nur ein Teil der Energie, die die Kugel vor sich verliert, hinter ihr wieder gewonnen wird. Mit sehr elastischem Gummi sind die Verluste gering; ist der Gummi aber ziemlich hart, so geht die meiste für die Verformung gebrauchte Energie verloren. Sie findet sich als Wärme im Gummi wieder.

Beim Rollen bewegt sich die berührte Oberfläche auf und ab wie ein Wasserbett, und der größte Teil der Energie kann üblicherweise zurückgewonnen werden. Beim Gleiten verläuft die Relativbewegung horizontal, weshalb eine derartige Wiedergewinnung nicht stattfinden kann – was wiederum die Energieverluste vergrößert.

53.

Ein Verbrennungsmotor braucht eine Übersetzung unter anderem, weil er bei geringen Umdrehungszahlen nur ein kleines Drehmoment entwickelt. Er beginnt zwar bei etwa 100 Umdrehungen pro Minute – dabei ist aber sein Drehmoment so klein, daß ihn die geringste Belastung zum Stillstand bringen würde. Eine Kupplung wird benötigt, um die Maschine vom Antrieb zu trennen, so daß sie bis zu Drehzahlen von 1000 bis 1500 Umdrehungen pro Minute leer laufen kann. Erst dann beginnt sie, ein brauchbares Drehmoment zu entwickeln. (Eine Dampfmaschine entwickelt hingegen ihre volle Kraft aus dem Stillstand.)

54.

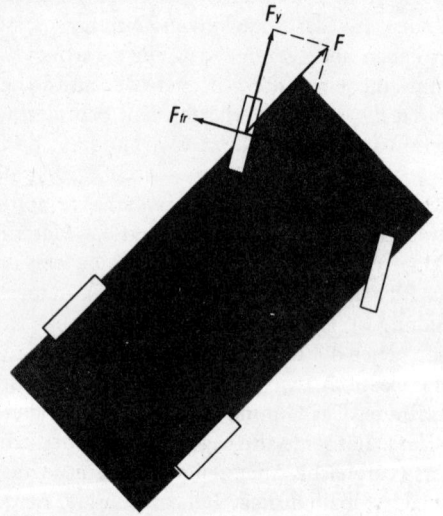

Der Leser fragt vielleicht »Welcher Mensch beschleunigt im Vollbesitz seiner geistigen Kräfte, wenn er um eine Kurve fährt?« Natürlich bremst der Fahrer genügend stark vor der Kurve ab, so daß sein Wagen nicht aus der Kurve getragen wird, wenn er diese durchfährt.

Man betrachte die obige Abbildung: Werden die Antriebsräder des Wagens beschleunigt, so geben diese den Vorderrädern einen zusätzlichen Schub, der durch die Kraft F dargestellt wird. Sind die Vorderräder nach links eingeschlagen, so läßt sich F in zwei zueinander senkrechte Komponenten auflösen: F_y, das die Vorderräder sich schneller drehen läßt in der Richtung, in die der Wagen einbiegt, und F_x, das bestrebt ist, die Vorderräder aus der Kurve zu drücken. Die Stelle, mit der ein rollendes Rad den Boden berührt, ist momentan in Ruhe. Also haben wir es mit statischer Reibung zu tun. Die Stärke dieser statischen Reibung wächst mit F und erreicht ihren größten Wert gerade, bevor der Wagen zu rutschen beginnt. Da F_x versucht, die Räder aus der Kurve zu drücken, wirkt die Kraft der statischen Reibung F_{fr} genau entgegengesetzt und verhindert so Bewegungen zur Seite. Also ist F_{fr} die Zentripetalkraft, die ein Auto in der Kurve hält. Da sie nicht in Richtung x rutschen können, bewegen sie sich in Richtung y; das ist aber die Richtung der Kurve.

Man beachte, daß betragsmäßig F_{fr} und F_x gleich groß sind. Je mehr man beschleunigt, desto größer werden die beiden einander aufhebenden Kräfte, von denen F_{fr} für die Bewegung durch die Kurve unerläßlich ist. Vergrößert man die Beschleunigung über das Maximum von F_{fr} hinaus (wobei die Oberfläche der Straße eingeht), so fängt das Auto an, in Richtung x zu rutschen.

55.

Das Profil eines Reifens verkleinert dessen Haftung auf einer *trockenen* Straße geringfügig, da die Masse an Gummi, die die Straße berührt, verringert wird. Die Reibungskraft ist zwar bei Festkörpern unabhängig von der Größe der Berührungsfläche, aber Reifen sind keine Festkörper.

Das ist auch der Grund, warum Bremsspuren keine Rillen aufweisen. (Sie sollen angeblich trocken bleiben, selbst bei nassem Wetter.) Wenn es regnet, muß der Reifen eine Wasserschicht durchdringen (oder eine Schicht aus Wasser und Öl), bevor er den festen Untergrund erreicht. Soll das Auto nicht rutschen, müssen aber seine Reifen den festen Untergrund berühren. Ein glatter Reifen würde bedeuten, daß das Gewicht des Autos auf die größtmögliche Reifenfläche verteilt würde. Dadurch wird der von den Reifen auf die Straße ausgeübte Druck kleiner, was es wiederum den Reifen erschwert, zum Untergrund durchzudringen. Der Vorteil von Profilreifen ist aber nicht nur der, daß sie auf nassen Straßen einen größeren Druck ausüben, sondern auch, daß das Wasser in den Rillen fließen kann, was es den erhabenen Teilen des Reifens ebenfalls erleichtert, mit dem Boden in Berührung zu kommen. Insgesamt gesehen erscheint es vorteilhafter, ein wenig Haftung auf trockener Straße zu opfern, um so die Schleudergefahr auf nasser Straße zu minimieren. Und es wäre auch nicht der Mühe wert, jedesmal mit dem Wetter auch die Reifen zu wechseln.

56.

Nein, der Schaden ist nicht immer derselbe. Unter der Voraussetzung, daß die Wagen ihre gesamte kinetische Energie während des Zusammenstoßes verlieren, ist der Schaden in etwa proportional zur Summe der kinetischen Energien der beiden Wagen. Diese steht nämlich zur Verfügung für die Arbeit des Verformens, Zerbrechens, Verdrehens und so weiter.

Die kinetische Energie ist gleich $\frac{1}{2}$ m v², wobei m die Masse des Autos und v dessen Geschwindigkeit bedeutet. In Fall 1 ergibt sich:

$$\frac{1}{2} m (50)^2 + \frac{1}{2} m (50)^2 = \frac{1}{2} m \times 5000;$$

im Fall 2 erhalten wir

$$\frac{1}{2} m (85)^2 + \frac{1}{2} m (15)^2 = \frac{1}{2} m \times 7450;$$

schließlich ergibt sich im Fall 3 ein maximaler Schaden:

$$\frac{1}{2} m (100)^2 + \frac{1}{2} m (0)^2 = \frac{1}{2} m \times 10000.$$

57.

Während der Wagen abbiegt, wirkt eine horizontale Zentrifugalkraft auf seinen Schwerpunkt, der sich irgendwo über der Straßenoberfläche befindet. Folglich tendiert der Wagen dazu, sich nach links zu neigen. Geht man schnell genug in die Kurve, so hebt das Paar von Reifen ab, das sich auf der Kurveninnenseite befindet.

58.

In dem Moment, in dem die Räder blockieren und geradeaus zu rutschen beginnen – oder wenn sie, anstatt zu laufen, bloß rutschen –, geht die

Haftreibung zwischen Reifen und Straße in Gleitreibung über. Diese ist wesentlich geringer (vergleiche Antwort 52).

Wirkt eine seitliche Kraft auf das Auto – beispielsweise von rechts –, so läßt sich die Gleitreibung in zwei Komponenten zerlegen: eine wirkt wie zuvor nach hinten, und eine steht senkrecht auf der ersten. Diese Komponente wirkt nach links und ist damit der Tendenz des Autos, sich nach rechts zu bewegen, entgegengesetzt. Weil die resultierende Gleitreibung in die Richtung wirkt, die der Momentangeschwindigkeit des Autos entgegengesetzt ist, wird die seitlich wirkende Reibungskraft sehr gering sein. Das liegt daran, daß die seitliche Geschwindigkeit des Autos sehr gering ist im Vergleich zu seiner Vorwärtsgeschwindigkeit. Deshalb bietet die Straße in den seitlichen Richtungen fast keine Reibung. Sie verhält sich ähnlich wie Eis – allerdings nur in dieser Richtung. (Das ist einer der Gründe für die Gefährlichkeit des Schleuderns.)

59.

Man fahre schnurstracks auf die Wand zu und mache eine Vollbremsung. Bei dieser plötzlichen Bremsung wird die kinetische Energie gegen die Reibung aufgebraucht:

$$\frac{m\,v^2}{2} = F\,x \text{ oder } x = \frac{m\,v^2}{2\,F},$$

wobei F die Reibungskraft und x der Bremsweg ist.

Wir wollen annehmen, daß das Auto im Abstand d von der Wand zu rutschen beginnt. Das Auto wird dann nicht gegen die Wand prallen, wenn $x = \frac{m \cdot v^2}{2\,F} \leq d$ oder damit gleichwertig $F \geq \frac{m \cdot v^2}{2\,d}$ gilt.

Beim Abbiegen ist die Zentripetalkraft gleich der Reibungskraft:

$$F = \frac{m \cdot v^2}{R}.$$

Hier wird das Auto nicht gegen die Wand fahren, falls $R = \frac{m \cdot v^2}{F} \leq d$ oder damit gleichwertig $F \geq \frac{m \cdot v^2}{d}$ gilt.

Weil die im Falle des Abbiegens gefundene Reibungskraft doppelt so groß ist wie diejenige, die wir bei der Vollbremsung gefunden haben, dürfen wir schließen, daß die Vollbremsung zu empfehlen ist, will man einen Zusammenstoß mit der Wand vermeiden.

60.

Versuchen Sie nicht, das Problem wie folgt zu lösen: Es sei x die Geschwindigkeit in der zweiten Hälfte. Dann gilt

$$100 = \frac{50 + x}{2},$$

woraus x = 150 km/h folgt.

Das ist nämlich falsch. In Wirklichkeit müßte das Auto die zweite Hälfte mit unendlicher Geschwindigkeit durchfahren, um eine Durchschnittsgeschwindigkeit von 100 Kilometern pro Stunde (bezogen auf die beiden Hälften) zu erreichen.

Die Durchschnittsgeschwindigkeit $\overline{v}$ bestimmt sich durch die Gleichung

$$\overline{v} = \frac{2\,s}{\frac{s}{v_1} + \frac{s}{v_2}} = \frac{2\,v_1}{1 + \frac{v_1}{v_2}}$$

Dabei ist s die Länge einer Hälfte, v_1 die Geschwindigkeit in der ersten Hälfte und v_2 diejenige in der zweiten.

61.

Die tangential angebrachten Speichen des Fahrrades müssen zwei Arten von Lasten tragen: eine radiale, indem sie die Nabe stützen, die wiederum den Rahmen und damit den Fahrer trägt, und eine tangentiale, indem sie sich den Drehmomenten widersetzt, die auf den Zahnkranz durch die Kette (beim Antriebsrad) und auf den Reifen durch die Bremse (beim anderen Rad) übertragen werden. Um tangentiale Belastungen in beiden Richtungen aushalten zu können, sind die Speichen an die Nabe tangential sowohl in Vorwärts- als in Rückwärtsrichtung montiert.

Räder mit radialen Speichen traten erstmals um 2000 v. Chr. an Karren in Syrien und Ägypten auf und fanden schnell allgemeine Verbreitung. Dabei war die antreibende Kraft außerhalb des Fahrzeugs, und die Räder hatten hauptsächlich radiale Lasten zu tragen.

62.

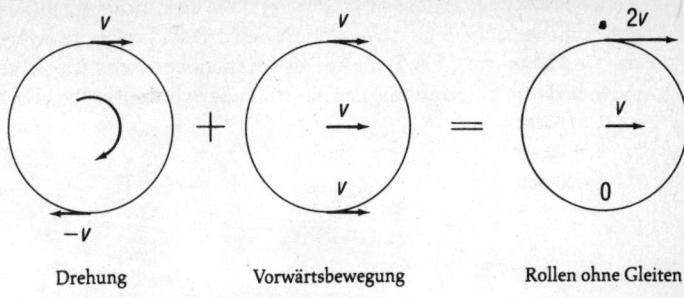

Drehung   Vorwärtsbewegung   Rollen ohne Gleiten

Relativ zum Untergrund bewegen sich Punkte, die sich nahe dem oberen
Ende eines rollenden Rades befinden, schneller als solche, die sich nahe
dem unteren Ende befinden.

Jede Rollbewegung läßt sich darstellen als Zusammensetzung von einer
reinen Drehung und einer reinen Vorwärtsbewegung (siehe oben). Der
Punkt, der den Boden berührt, ist in Ruhe. Er muß sich deshalb, wird die
Drehung mit der Vorwärtsbewegung kombiniert, mit der Geschwindig-
keit $-v$ drehen, um die Gesamtgeschwindigkeit Null zu ermöglichen.
Am oberen Ende addieren sich die Geschwindigkeiten, statt sich gegen-
seitig aufzuheben. Das erklärt das verschwommene Aussehen der oberen
Radhälfte in Illustrationen.

63.

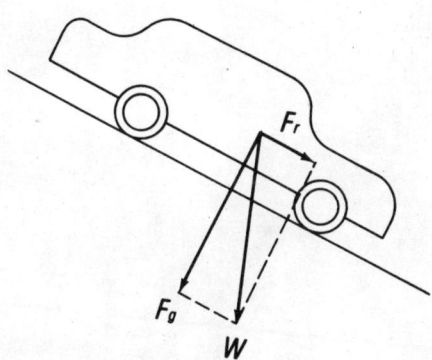

Reifen sind weniger griffig, wenn sie bergab oder bergauf laufen. Die Bodenhaftung eines Reifens wächst proportional mit dem Gewicht des Autos. Fährt das Auto bergab, so wirkt nur ein Teil des Gewichtes auf die Straßenoberfläche (siehe S. 97). Der andere Teil drückt das Auto abwärts (W sei das Gewicht des Autos, F_f die auf die Straßenoberfläche ausgeübte Kraft und F_r bedeute die Kraft, die das Auto den Berg hinunter treibt).

5. Athleten im Lehnstuhl

64.

Arbeit kann nur dann geleistet werden, wenn ein Gegenstand in Richtung einer Kraft bewegt wird. In unserem Problem sind sowohl der Arm als auch der Koffer in Ruhe. Aber die Tatsache, daß der Arm als ganzer nicht bewegt wird, besagt noch nicht, daß er nicht teilweise bewegt werden und dabei innere Arbeit verrichten könnte. Dinge mit einer inneren Struktur können trickreich sein; die trickreichste Struktur von allen ist die lebendige.

Die gestreiften Muskeln des menschlichen Armes bestehen aus Fasern, die normalerweise in Längsrichtung der Muskeln verlaufen. Eine einzige Nervenzelle kann die Kontraktionen von bis zu 1000 Fasern kontrollieren, wenn diese eine motorische Einheit bilden. Ein gestreifter Muskel durchschnittlicher Größe kann etwa 300 motorische Einheiten haben.

Die Kraft, die ein Muskel entwickelt, hängt ab vom Grad der Spannung in den motorischen Einheiten. Diese wiederum wird davon beeinflußt, wie oft die motorischen Einheiten stimuliert werden und – was wichtiger ist – wie viele motorische Einheiten an der Kontraktion beteiligt sind. Einige beginnen gerade, sich zusammenzuziehen, andere hören gleichzeitig damit auf, einige sind vollständig kontrahiert, während andere ganz und gar entspannt und in Ruhe sind.

Jede motorische Einheit durchläuft diesen ganzen Zyklus Dutzende von Malen pro Sekunde. Aber damit noch nicht genug. Auf molekularer Ebene findet eine furiose Bewegung von Hunderten von chemischen Substanzen statt, die Energie und Material zwischen den Zellen hin und her transportieren.

65.

Allerdings. Neuere Untersuchungen haben gezeigt, daß Frauen – bezogen auf Kilogramm Netto-Körpergewicht (ohne Berücksichtigung von Fett) etwas stärker sind als Männer. Die größere Stärke der Männer rührt vom unterschiedlichen Gewicht und vom unterschiedlichen Fettgehalt her – und nicht von der Stärke des Muskelgewebes. Nach der Pubertät entfallen etwa 25 Prozent des weiblichen Körpergewichts auf Fett, bei Männern sind es bloß 15 Prozent. Wichtiger noch ist, daß Männer mehr

wiegen. Das führt dazu, daß Frauen, absolut gesehen, weniger Muskel-
gewebe haben. Das Muskelpotential ist jedoch ziemlich unwichtig. Selbst
Athleten benützen nicht mehr als 20 Prozent davon. Heute schwimmen
vierzehnjährige Mädchen trotz der offenkundigen Differenz in der Mus-
kulatur schneller, als Johnny Weissmüller – der »Original-Tarzan« –
1924 bei der Olympiade geschwommen ist. Frauen können durch Han-
teltraining wirklich kraftvolle Muskeln ausbilden, ohne Muskelberge zu
entwickeln. Deren Entstehung verdankt man anscheinend dem männ-
lichen Hormon Testosteron. Zwar verfügen auch Frauen darüber, aber
nur in geringen Mengen.

66.

Um sich auf die Zehenspitzen zu stellen, muß man sein Gewicht nach
vorn verlagern. Ist einem der Türrahmen im Weg, so kann man das
nicht.
Allerdings gibt es eine Möglichkeit, das Kunststück doch fertigzubrin-
gen; dabei muß man ein wenig schummeln: Man nehme in jede Hand ein
Gewicht von mindestens 5 Kilogramm. Nachdem man die vorgeschrie-
bene Haltung eingenommen hat, schwinge man die Arme nach vorne.
Dann sollte man in der Lage sein, sich hochzudrücken.

67.

Um die Dinge möglichst einfach zu halten, wollen wir bloß einen vertikalen Sprung aus der Hocke betrachten. Dabei geht es nur darum, den
Schwerpunkt senkrecht nach oben zu verlagern. In einer ersten Phase
beschleunigt man aus einer kauernden Stellung in eine gestreckte Kör-
perhaltung. Hierbei bewegt sich der Schwerpunkt um die Strecke s nach
oben. Haben die Füße den Boden verlassen, können sie keine weitere
Antriebsleistung mehr vollbringen. Demnach muß der Schwerpunkt in
diesem Augenblick seine größte Geschwindigkeit v_{max} erreicht haben.
Diese läßt sich mit Hilfe der wohlbekannten Formel

$$v^2_{Ende} = v^2_o + 2\,a\,d \qquad\qquad (1)$$

berechnen. In unserem Falle ist die Anfangsgeschwindigkeit v_o gleich
Null. Die Beschleunigung a ist gegeben durch die durchschnittliche, nach
oben gerichtete Nettokraft F_n, die auf den Springer wirkt, dividiert durch

dessen Masse m. Die Kraft F_n ist gleich der durchschnittlichen Kraft, mit der der Untergrund sich dem Springer entgegenstemmt (diese ist wiederum entgegengesetzt gleich der Kraft, mit der er sich vom Boden abstößt), vermindert um sein Gewicht mg. Mit dieser Überlegung erhalten wir die Gleichung

$$v^2_{max} = \frac{2\,F_n}{m}\,s \;. \tag{2}$$

In einer zweiten Phase bewegt sich der Springer, angetrieben durch seinen in der ersten Phase erworbenen Impuls, weiter nach oben, bis er für einen Augenblick zur Ruhe kommt. Dabei wandert sein Schwerpunkt aus der Position, die er in der aufgerichteten Stellung einnahm, zu seiner höchsten Position. Deren Höhe sei h. Unter erneuter Verwendung von (1) finden wir

$$0 = v^2_{max} - 2\,g\,h \tag{3}$$

Aus der Kombination von (2) und (3) ergibt sich

$$h = \frac{F_n\,s}{m\,g} \;. \tag{4}$$

Jetzt sind wir in der Lage zu begreifen, warum kleine Tiere so hoch springen können. Nehmen wir an, daß die Stärke F eines Tieres proportional sei zur Querschnittsfläche A seiner Muskeln. Dann ist F proportional zu L^2, wobei L die lineare Größe des Tieres bedeuten soll. Die Masse des Tieres ist proportional zu seinem Volumen L^3. Daraus folgt, daß die Beschleunigung, die ja gleich F/m ist, proportional zu $L^2/L^3 = 1/L$ ist. Da die Strecke s, die das Ausmaß der Streckung angibt, proportional zu L ist, erkennen wir aus Gleichung (2), daß v^2_{max} proportional zu $(1/L)\,L = 1$ ist. Das bedeutet, daß die maximale Geschwindigkeit immer dieselbe ist, gleichgültig, welche Abmessungen das Tier hat. Aus (3) folgt dann, daß auch die Höhe h immer dieselbe ist. Also könnte auch ein tausendfach vergrößerter Floh von 3 Meter Länge nur gut 30 Zentimeter hoch springen.

Jedoch: Könnte er das überhaupt? Ein derartig gigantischer Floh würde mit Sicherheit unter seinem eigenen Gewicht zusammenbrechen, bevor er seinen ersten Sprung wagen könnte.
Indem wir den Floh auf das Tausendfache vergrößern, vergrößern wir sein Gewicht um den Faktor 1000^3. Das Gewicht pro Raumeinheit, das auf dem Gerippe des armen Tieres lastet, ist um den Faktor 1000 größer geworden. Offensichtlich vergessen Science-fiction-Autoren dies, wenn sie uns mit gigantischen Insekten zu erschrecken versuchen...

68.

Wenn man sich nach vorn beugt, schiebt man auch sein Gewicht nach
vorn. Gleichzeitig bewegt sich das Becken nach hinten. Dadurch wird
verhindert, daß sich der Schwerpunkt über die Ränder der Füße hinaus-
bewegt (was zum Verlust des Gleichgewichtes führen würde). Hat man
aber eine Wand im Rücken, so kann man sein Becken nicht nach hinten
schieben.

69.

Der Hochspringer in Oslo, der einen halben Zentimeter weniger hoch
sprang, hat die größere Leistung vollbracht. Das liegt daran, daß die Erdbeschleunigung g sich auf der Oberfläche der Erde von Ort zu Ort ändert.
Sie hängt in erster Linie von der geographischen Breite und der Höhe
über dem Meeresspiegel ab. Bewegt man sich auf den Äquator zu, so
nimmt die Tangentialgeschwindigkeit der mit der Erde rotierenden
Punkte zu. Dasselbe gilt für die Zentrifugalkraft, die einen von der Erdoberfläche wegzuschleudern versucht. Als Resultat hiervon nimmt die
Erdbeschleunigung g ab, wenn man sich zum Äquator hin bewegt. Sie
nimmt auch ab, wenn wir uns vom Erdmittelpunkt weg bewegen. Deshalb hat g in Oslo (0 Meter über dem Meeresspiegel, geographische
Breite 60°) den Wert 981,50 cm/s^2, in Mexico City (2240 Meter über dem
Meeresspiegel, geographische Breite 19°) aber ist g gleich 978,44 cm/s^2 –
also 0,3 Prozent geringer. Das ist mehr, als die 0,5 Zentimeter beim
Sprung prozentual ausmachen (diese Differenz entspricht rund 0,23 Prozent der Sprunghöhe).

70.

Der Druck des Wassers auf die Brust würde das Atmen durch einen
Schnorchel unmöglich machen – und zwar für immer... Das gilt schon
für eine Tiefe von rund 60 Zentimetern. Die größte Tiefe, in die man sich
mit dem Kopf begeben und in der man noch einen einzigen energischen
Atemzug tun kann, ist 90 Zentimeter. Das zeigt, wie groß der hydrostatische Druck selbst in geringen Tiefen ist.

71.

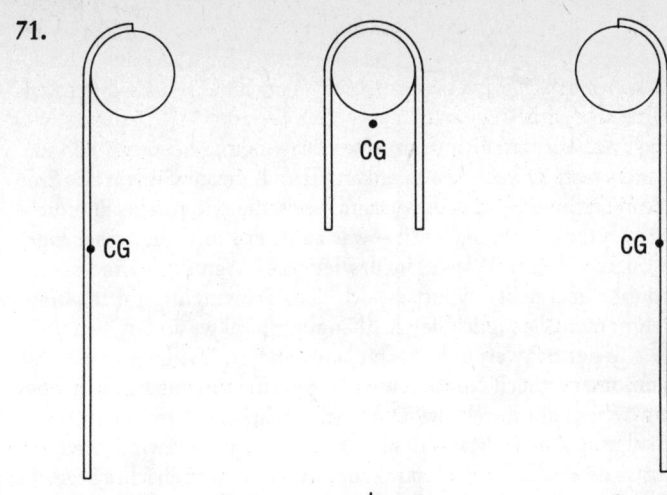

a   b   c

Nein, keineswegs – es ist sogar die einzige Möglichkeit für Springer, Höhen von 229 cm oder mehr zu überqueren.

Stellen wir uns einen Hochspringer vor, der 1,83 m groß ist. Steht unser Athlet aufrecht, so befindet sich sein Schwerpunkt in einer Höhe von 109 cm. Selbst die besten Springer können ihren Schwerpunkt nicht mehr als 76 cm nach oben bewegen. Also kann der Schwerpunkt bestenfalls eine Höhe von 109 cm + 76 cm = 185 cm erreichen. Überquert der Springer 229 cm, so muß sein Schwerpunkt 44 cm unterhalb der Latte hindurchgehen.

Wie ist das möglich? Nun – der Springer muß zu einer Art Band werden. Betrachten wir die verschiedenen Positionen dieses Bandes (vergleiche Abbildung), so erkennen wir folgendes: In (a) befindet sich der Schwerpunkt in halber Höhe, in (b) erreicht er den höchsten Punkt seiner Kurve, und in (c) ist der Schwerpunkt wieder auf dieselbe Höhe wie in (a) zurückgekehrt. Das Band ist über die Latte gekommen, aber sein Schwerpunkt ist unter der Latte hindurchgewandert.

72.

Steht ein Kind auf einer Schaukel, so hat es verschiedene Möglichkeiten, sie in Bewegung zu setzen. Die Kinder beugen meistens ihre Knie am Ende des Rückwärts- oder des Vorwärtsschwingens (oder sogar beide

Male) und drücken ihre Knie in der Mitte der Rückwärts- oder Vorwärts-bewegung (oder beides) wieder durch. Das führt dazu, daß der Schwer-punkt in der Mitte der Bewegung angehoben und am Ende einer Schwin-gung abgesenkt wird.

Um seinen Schwerpunkt inmitten einer Schwingung heben zu können, muß das Kind gegen zwei Kräfte ankämpfen: 1. gegen die von der Erde herrührende Schwerkraft – das vergrößert seine potentielle Energie – und 2. gegen die Zentrifugalkraft – was zu einer Zunahme seiner kine-tischen Energie führt. Wieso gilt das letztere? Wenn das Kind seinen Schwerpunkt hochhebt, nähert es sich dem Schwingungsmittelpunkt. Das Drehmoment bezüglich des Aufhängungspunktes ändert sich nicht direkt, wenn der Schwerpunkt nach oben wandert. Das liegt daran, daß das Drehmoment gleich Null ist, wenn die verursachende Kraft in einer Richtung wirkt, die durch die Drehachse geht. Das Drehmoment ist gleich $m\,v\,l$, wobei m die Masse des Kindes, v dessen Geschwindigkeit und l den Abstand zwischen Schwerpunkt des Kindes und Drehachse bezeich-net. Wird l verkleinert, so muß v größer werden, um $m\,v\,l$ konstant zu halten. Wird v aber größer, so nimmt auch $\frac{1}{2}\,m\,v^2$ – das ist die kinetische Energie des Kindes – zu. Derselbe Effekt tritt ein, wenn ein pirouetten-drehender Eiskunstläufer seine Arme anzieht und dadurch seine Ge-schwindigkeit vergrößert. Senkt das Kind seinen Schwerpunkt am Ende einer Schwingung, so verliert es lediglich potentielle Energie. Es kann keine kinetische Energie verlieren, da es sich dort in einer momentanen Ruhe befindet. Also gibt es, bezogen auf eine ganze Schwingung, einen Nettogewinn an Energie, was wiederum zu einer Vergrößerung der Am-plitude der Schwingung führt.

73.

Die Untersuchungen von Lyman J. Briggs in den späten 50er Jahren zeig-ten, daß Bälle tatsächlich Kurven fliegen. Ein guter Werfer kann eine Abweichung von der Geraden von sage und schreibe 44,5 cm auf den rund 18 Metern zwischen Wurfmal und Schlagmal zustande bringen. Ein derartig »perfekter Kurvenflug« führt zu Geschwindigkeiten bis zu 112 km/h, der Ball dreht sich 30mal pro Sekunde um seine eigene Achse. Die seitliche Abweichung ist im allgemeinen proportional zum Spin und zur (geradlinigen) Geschwindigkeit.

Sich drehende Bälle, wie sie bei Tennis, Tischtennis, Golf, Fußball und Baseball vorkommen, durchfliegen wegen des Magnuseffektes eine Kurve. Der Flug eines Balles, der sich beispielsweise im Uhrzeigersinn

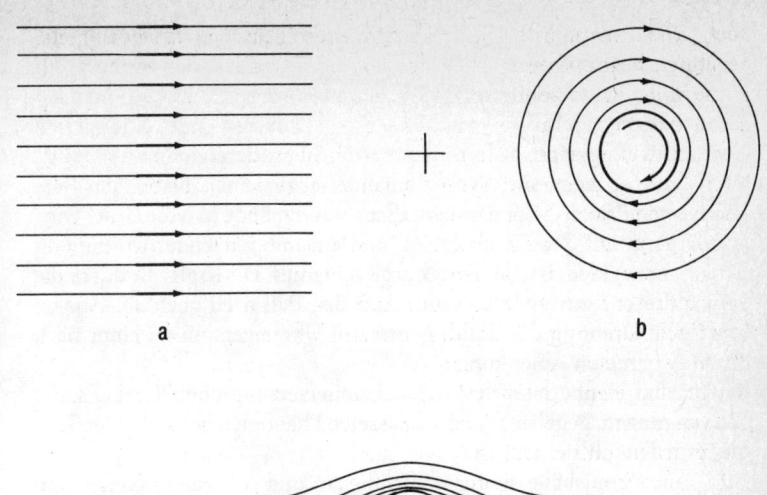

a   b

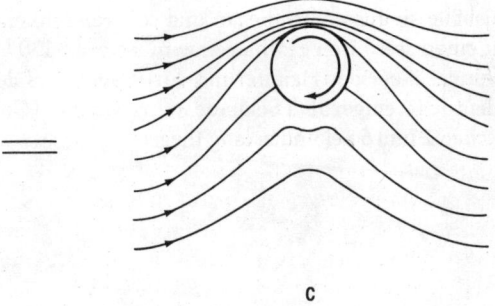

c

dreht, setzt sich aus zwei Bewegungen zusammen (vergleiche Abbildung).

Wir wollen annehmen, daß sich der Ball nach links bewegt und die Luft stillsteht. Dann erkennt man in Abbildung (a), daß ein auf dem Ball mitbewegter Beobachter den Eindruck hätte, der Ball stehe still und die Luft bewege sich nach rechts. In (b) rotiert der Ball im Uhrzeigersinn. Die Luft in seiner unmittelbaren Umgebung haftet an seiner Oberfläche und dreht sich mit ihm. Die Winkelgeschwindigkeit der Luft in der Grenzschicht nimmt schnell mit wachsendem Abstand vom Ball ab. Die Dicke der Grenzschicht, also jener Schicht, innerhalb derer die Winkelgeschwindigkeit der Luft von dem Wert des Balles auf praktisch Null absinkt, ist ziemlich gering und hängt davon ab, wie rauh die Oberfläche des Balles ist. (Ist der Ball sehr glatt, so ist die Grenzschicht sehr dünn, und bei kleinen Geschwindigkeiten erfolgt die seitliche Ablenkung gewöhnlich entgegengesetzt der vom Magnuseffekt vorhergesagten Richtung. Allerdings sind selbst fabrikneue Baseballs nicht so glatt, daß diese Anomalie bei ihnen auftreten würde.) Setzt man diese beiden Bewegungen im Sinne einer Vektoraddition (Parallelogramm der Kräfte) zusammen, so erhält man die in (c) abgebildete Situation. Am oberen Ende addieren sich die Geschwindigkeiten der strömenden und der rotierenden Luft; am unteren Ende dagegen sind sie voneinander abzuziehen. Nach dem Bernoullischen Prinzip folgt daraus, daß am oberen Ende (wo die Geschwindigkeit groß ist) der Druck gering und am unteren Ende (wo die Geschwindigkeit klein ist) der Druck groß sein muß. Die Kraft, die durch die Druckdifferenz zustande kommt, lenkt den Ball nach oben ab. Analog führt eine Drehung des Balles gegen den Uhrzeigersinn zu einer nach unten gerichteten Ablenkung.

Warum hat es überhaupt eine Auseinandersetzung über Baseballs, die Kurven fliegen, gegeben, wo doch dasselbe Phänomen bei Golf oder Tennis für jeden gut sichtbar ist?

Golf- und Tennisbälle sind leichter, fliegen und rotieren schneller. Ein Golfball, der mit einem 7er Eisen geschlagen wird, erreicht 130 Umdrehungen pro Sekunde. Aber der Hauptgrund dürfte sein, daß der Flug eines Baseballs deutlich weniger als 1 Sekunde währt, während Golf- und Tennisbälle zwischen 2 und 5 Sekunden lang fliegen.

74.

Die Antwort ist ein entschiedenes Ja. Ein Effetball bewegt sich mit konstanter linearer Geschwindigkeit und dreht sich mit annähernd konstanter Winkelgeschwindigkeit. Deshalb ruft die Magnuskraft, die durch die Rotation des Balles zustande kommt, eine kleine konstante Beschleunigung hervor, die senkrecht zur Drehachse gerichtet ist.

Wir wollen annehmen, die Drehachse stehe vertikal und die Fortbewegungsrichtung sei horizontal. Beträgt der Winkel zwischen Drehachse und Flugrichtung weniger als 90°, so erhält man eine schwächere Kraft; ist der Winkel gleich 0°, so verschwindet die Magnuskraft.

Die Strecke, die bei einer gleichmäßig beschleunigten Bewegung zurückgelegt wird, beträgt $s = \frac{1}{2} a t^2$, wobei a die Beschleunigung bedeutet. Die seitliche Abweichung eines Effetballes nimmt mit dem Quadrat der Flugzeit zu. Also treten 75 Prozent der Gesamtablenkung erst in der zweiten Hälfte des Fluges auf, 50 Prozent derselben in den letzten drei Zehnteln. Die Winkelgeschwindigkeit, mit der ein Effetball von der geradlinigen Flugbahn abweicht, nimmt sogar, betrachtet man sie von der Position des

Schlagmannes oder des Fängers aus, noch stärker zu, weil die Entfernung zwischen Ball und Schlagmal abnimmt. Die Perspektive verstärkt die Plötzlichkeit der Ablenkung.

75.

Falsch wäre die Antwort: Golfbälle sind genoppt, damit sie weiter fliegen. Obwohl paradoxerweise Golfbälle mit einer genoppten Oberfläche weniger Luftwiderstand bieten, ist der Haupteffekt der Noppen doch der, die auf einen Ball wirkenden Antriebskräfte bei einem unteren Spin zu vergrößern.

Wie verringern die Noppen den Widerstand? Bei kleinen Geschwindigkeiten überhaupt nicht. Ein wuchtiger Schlag bringt allerdings einen Golfball auf eine Geschwindigkeit von 250 Kilometern pro Stunde. Jeder Gegenstand, der durch die Luft fliegt, also auch ein Ball, ist von einer dünnen Grenzschicht umgeben. Ist die Oberfläche des Balles glatt, so ist die Grenzschicht wirbelfrei, das heißt, eine Durchmischung ihrer verschiedenen Schichten findet nicht statt. Der vom Ball getrennte Hauptfluß erzeugt ein Gebiet rückwärtsgerichteten Flusses mit großen Strudeln stromabwärts.

Ist der Ball aber genoppt, so muß die Luft der Grenzschicht über Berge und Täler hinwegströmen. Ihr Fließen bekommt Turbulenzen. Das führt zu starker Durchmischung und zum Austausch von Impulsen. Als Folge hiervon gibt die Luft, die mit hoher Geschwindigkeit außerhalb der Grenzschicht fließt, Impulse an die langsame Luft in der Grenzschicht ab. Mit dieser Unterstützung kann die turbulente Grenzschicht schneller gegen den zunehmenden Druck anfließen, als dies die wirbelfreie Grenzschicht vermochte. Der Hauptstrom bleibt mit dem Ball verbunden. Das Gebiet mit den Wirbeln, das sich stromabwärts befindet, wird in diesem Fall viel kleiner als im wirbelfreien Fall. Darüber hinaus ist der Druck auf der stromabwärts gewandten Seite nicht so niedrig. Deshalb wird die Differenz der Kräfte auf der stromabwärts und der stromaufwärts gerichteten Seite des Balles – das ist nichts anderes als der Formwiderstand – verringert. Wie steht es mit der Reibung? Diese nimmt bei einer turbulenten Grenzschicht etwas zu. Aber im Falle eines nicht stromlinienförmigen Gegenstandes – wie bei einem Ball – spielt die Reibung im Vergleich zum Formwiderstand keine Rolle.

Der wichtigste Grund allerdings, warum Golfbälle genoppt sind, ist die Erzeugung von Auftrieb. Der Ball kann nur einer dünnen Luftschicht seine Drehbewegung übertragen. Darüber hinaus umgibt die (wirbelfreie) Grenzschicht den Ball nicht von allen Seiten. Tatsächlich löst sie sich. Das tut sie auf der Seite, die sich gegen den Fahrtwind dreht, schneller, weil die Grenzschicht auf der anderen Seite, die sich mit dem Fahrtwind dreht, angedrückt wird durch die Luft, die am Ball vorbeifliegt.

Eine turbulente Grenzschicht kann einen viel größeren Impuls mit dem Fahrtwind austauschen als eine wirbelfreie. Deshalb wird die Schicht auf der Seite, die sich im Sinne des Fahrtwindes dreht, stärker nach oben getrieben als im Falle einer wirbelfreien Grenzschicht. Der Punkt, an dem sie sich ablöst, wird – verglichen mit dem entsprechenden Punkt auf der Seite, die sich mit dem Fahrtwind dreht – weiter hinten auf dem Ball liegen. Das vergrößert die Kraft, die im Falle eines unteren Spins zu einem Auftrieb wird.

6. Das Reich des Fliegens

76.

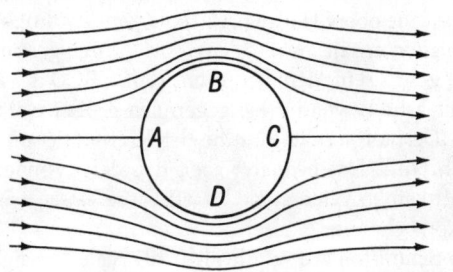

a

Der Luftwiderstand wird im zweiten Fall mindestens um den Faktor 2 geringer ausfallen. Der gesunde Menschenverstand suggeriert uns, daß eine schneidenförmige Kante weniger Widerstand leistet, weil sie sich gewissermaßen ihren Weg durch die Luft schneidet. Das ist zutreffend – solange Viskositätskräfte wichtig sind, wie beispielsweise bei Körpern, die langsam durchs Wasser schwimmen. Aus diesem Grunde haben Schiffe in der Regel einen scharf geschnittenen Bug und ein rundes Heck. Betritt man allerdings den Bereich hoher Geschwindigkeiten, so darf man sich nicht länger auf Intuition und Erfahrung verlassen.

Angenommen, wir versetzen einen Kreiszylinder in eine ideale, dünn-flüssige, fließende Flüssigkeit (vergleiche Diagramm *a*). Die Teilchen einer derartigen Flüssigkeit bewegen sich auf Stromlinien an diesem Körper vorbei, ohne dabei durch innere Reibung Energie zu verlieren. Das nennt man einen laminaren oder stromlinienförmigen Fluß. Die Situation für die am Zylinder vorbeifließende Flüssigkeit gestaltet sich, als würde sich der Kanal, in dem sie fließt, zuerst verengen, um sich an-schließend wieder zu erweitern. Falls sich die Flüssigkeit im engen Teil nicht staut, muß sie beim Durchfließen des engen Kanals beschleunigen. Sie erreicht im Punkt B ihre maximale Geschwindigkeit und wird in dem Maße langsamer, wie der Kanal sich erweitert. Irgend etwas muß die Flüssigkeit von hinten anschieben, wenn sie zwischen A und B beschleu-nigt. Und etwas muß ihr von vorne entgegenwirken, wenn sie zwischen B und C abbremst. Dieses ›etwas‹ ist der Druck. Ohne, daß es uns bewußt gewesen war, haben wir soeben das Bernoullische Prinzip erneut ent-deckt: Dieses besagt, daß entlang einer Stromlinie hoher Geschwindig-keit der Druck gering ist und umgekehrt. Natürlich gilt unsere Argumentation auch für den unteren Teil ADC des Zylinders. Betrachten wir das erste Diagramm genauer, so sehen wir, daß die Stromlinien symmetrisch bezüglich der Linie BD verteilt sind. Denkt man sich die Pfeilspitzen weg, so könnte man nicht mehr entscheiden, ob die Flüssigkeit von links nach rechts oder von rechts nach links fließt. Der nach vorne gerichtete Impuls, den die obere Hälfte BAD des Zylinders durch die beschleunigende Flüssigkeit erhält, müßte dem (nach hinten gerichteten) Impuls betragsmäßig gleich sein, den die untere Hälfte BCD des Zylinders von der Flüssigkeit erhält, wenn diese gegen den größer werdenden Druck fließen muß. Deshalb ist die Summe der Kräfte, die auf den Zylinder wirken, gleich Null. Das bedeutet aber, daß der Zylinder der sich bewegenden Luft keinen Widerstand bietet. Diese Tatsache ist als d'Alemberts Paradoxon bekannt.

Unsere letzte Schlußfolgerung gilt nicht für reale Flüssigkeiten, die an der Oberfläche eines Körpers haftenbleiben und eine dünne Haut um diesen herum bilden. Die nächste Schicht reibt sich an der Haut, die dritte Schicht reibt sich an der zweiten und so fort – so lange, bis die Relativgeschwindigkeit der letzten Schicht zu der sie umgebenden Flüssigkeit gleich Null ist. Die Summe aller Reibungskräfte, die aufgrund solcher sich reibenden Schichten entsteht, heißt Reibungswiderstand. Er ist eine Komponente im Gesamtwiderstand, den ein Körper der Luft bietet, wenn sich diese relativ zu ihm bewegt. Der Reibungswiderstand ist immer vorhanden, gleichgültig, wie ein Körper geformt ist.

Der Bereich, in dem die Relativgeschwindigkeit nach und nach von Null bis zu dem Wert anwächst, den sie in der frei strömenden Flüssigkeit hat, heißt Grenzschicht. Weil die Grenzschicht im allgemeinen sehr dünn ist, bekommt ein Flüssigkeitsteilchen, das sich darin bewegt, dieselbe Druckdifferenz zu spüren wie ein Teilchen außerhalb derselben. Weil sich jedoch die Flüssigkeit in der Grenzschicht viel langsamer bewegt, kommt das Teilchen im Punkt B trotz des nach vorne gerichteten zusätzlichen Impulses mit einer kleineren Geschwindigkeit an.

Startet das Teilchen im Punkt B, so muß es nicht nur die sich ihm entgegenstellenden Kräfte der Viskosität in der Grenzschicht überwinden, sondern auch die bremsenden Kräfte, die sich aus dem zunehmenden Druck ergeben. Etwas Hilfe wird dem Teilchen durch die sich langsamer bewegende Grenzschicht zuteil. Diese wird durch die schneller fließende Flüssigkeit außerhalb angetrieben. Nimmt aber der Druck zu stark zu, wie das der Fall ist, wenn sich der Kanal plötzlich erweitert, so kann es geschehen, daß die Teilchen der Grenzschicht durcheinandergeraten.

Auch die Grenzschicht wird dicker, wenn sich der Kanal plötzlich erweitert. Die äußeren Bereiche des Flusses sind weiter von der Oberfläche des

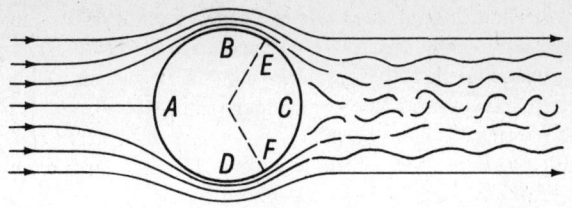

b

Körpers entfernt und verlieren also einen Teil ihrer Fähigkeit, die langsameren Bereiche tief im Innern der Grenzschicht anzutreiben.

Ist die Grenzschicht erst einmal durcheinandergeraten, so kann es geschehen, daß ihre Teilchen durch den wachsenden Druck nach hinten gedrängt werden. Sie stoßen dann mit den nachfließenden Teilchen zusammen und bilden so eine Zone mit Wirbeln hinter dem Körper. Der Hauptanteil des Flusses trennt sich vom Körper und fließt in der turbulenten Zone umher (vergleiche Diagramm *b*). Dort ist der Druck kleiner als im laminaren Fall, so daß die rückwärts gerichtete Kraft auf den Teil BCD des Zylinders kleiner ist als die vorwärts gerichtete Kraft auf BAD. Die Summe der Kräfte ist nicht mehr gleich Null; sie wird Formwiderstand genannt. Der Formwiderstand kann, wenn man eine Stromlinienform wählt, praktisch zu Null gemacht werden. Dabei ist die Idee, die Ablösung der Grenzschicht zu verhindern, indem man die Zuwachsrate des Druckes hinter dem Gegenstand verringert. Das wird dadurch erreicht, daß man den Körper behutsam nach hinten verlängert, so daß er wie die Schneide eines Messers ausläuft. Nun erkennen wir, warum der hintere Teil eines Körpers wichtiger ist als die Form der Vorderseite – eine Tatsache, die dem gesunden Menschenverstand befremdlich erscheint. (Bei Geschwindigkeiten im Bereich der Schallgeschwindigkeit und darüber wird die Vorderseite wieder relevant.)

77.

Der Flugzeugflügel hat, obwohl zehnmal so dick wie der runde Draht, einen etwas geringeren Luftwiderstand.

78.

Nach dem dritten Newtonschen Axiom regt das Drehen eines Propellers den Rumpf des zugehörigen Flugkörpers zu einer Drehung in die entgegengesetzte Richtung an. Der zweite Propeller dient dazu, eine entgegengesetzt wirkende Kraft hervorzubringen. Aus demselben Grund drehen sich zwei Propeller eines Flugzeugs, wenn sie sich am selben Flügel befinden, in entgegengesetzte Richtungen.

79.

Sie sollten es wenigstens nicht. Beim Fliegen gegen den Wind wird mehr Zeit verloren als beim Fliegen mit dem Wind gewonnen wird.
Nehmen wir an, die Geschwindigkeit des Windes sei annähernd gleich derjenigen des Flugzeugs (ohne Windeinwirkung) – etwa 159 und 160 Kilometer pro Stunde. Weiter sollen es von A nach B genau 160 Kilometer sein. Dann fliegt das Flugzeug mit dem Wind 319 Kilometer pro Stunde, während es gegen denselben nur einen Kilometer in der Stunde schafft. Der Flug von A nach B dauert fast genau eine halbe Stunde, aber der von B nach A hundert Stunden.

80.

Es erscheint merkwürdig, daß Flugzeuge gegen den Wind starten, denn das verringert ja ihre Relativgeschwindigkeit zum Boden. Worauf es aber beim Abheben in erster Linie ankommt, ist nicht die Relativgeschwindigkeit des Flugzeugs zum Boden, sondern zur Luft. Schafft ein Flugzeug 160 km/h bei einem Gegenwind von 30 km/h, so beträgt seine Relativgeschwindigkeit zur Luft 190 km/h. Mit dem Wind wäre das Flugzeug relativ zum Boden schneller – vielleicht würde es 170 km/h schaffen. In diesem Falle wäre aber die Relativgeschwindigkeit zur Luft nur $170 - 30 = 140$ km/h.

81.

Das ist falsch. In Wirklichkeit ist eine Windbö eine aufwärts gerichtete Bö, die dem Flugzeug vorübergehend zusätzlichen Auftrieb gibt. Eine abwärts gerichtete Bö, die eine nach unten gerichtete Beschleunigung hervorruft, wird Luftloch genannt, weil die Passagiere das Gefühl haben, das Flugzeug wäre in ein Gebiet ohne Luft geraten, die es tragen könne. Sowohl abwärts als auch aufwärts gerichtete Böen treten in der Regel unterhalb und oberhalb der Wolkendecke auf. Allerdings kann Fliegen auch bei wolkenlosem Himmel unruhig sein – nämlich in Höhen zwischen 6,5 und 11 Kilometern. Das ist dann das Resultat von Turbulenzen, die sich um die Kondensstreifen bilden. Dort treffen sehr schnelle Luftströme mit sehr viel langsamerer Luft zusammen. Diese Turbulenzen sind am stärksten über gebirgigem Gebiet.

82.

Nordamerika ist eine Zone vorherrschenden Westwindes. Dessen durchschnittliche Geschwindigkeit liegt zwischen 8 und 24 Kilometern pro Stunde. In größeren Höhen erreichen die Westwinde erheblich höhere Geschwindigkeiten: 80 bis 160 Kilometer pro Stunde sind keine Seltenheit.

83.

Unruhige Flüge sind das Ergebnis von Böen – seien sie nun horizontal oder vertikal. Diese treten bevorzugt bei Gewittern auf. Kleinere Böen entstehen durch Konvektionsströme. Das sind Ströme, die durch das Aufsteigen warmer und das Absinken kalter Luft entstehen.
Die Ursache von Konvektionsströmen liegt darin, daß manche Gebiete der Erdoberfläche die Luft stärker aufheizen als andere. Gepflügte Erde, Sand, Stein, Pflaster, Städte, Gebäude und Ödland geben viel Wärme ab, wohingegen Wasser und Vegetation dazu tendieren, Wärme zu absorbieren und zu speichern.
Wenn die aufsteigende Luft abkühlt, nimmt ihre Dichte zu, bis sie den Punkt erreicht, an dem sie dichter als die umgebende Luft wird. Dann beginnt sie zu sinken. Deshalb können aufsteigende Luftströme eine bestimmte Höhe nicht überwinden (diese Höhe hängt von den lokalen Gegebenheiten ab). Oberhalb dieser Grenze verlaufen die Flüge ruhig.

7. Grillentöne im Schnee, Donner, Geräusche & Stimmen

84.

Ja, das ist möglich. Die Grille kann, indem sie ein Bein an ihrem rauhen Hinterkörper reibt, Töne hervorbringen, die zwischen 7000 und 100 000 Hertz (das sind Schwingungen pro Sekunde) liegen. Der Hörbereich der Grille liegt zwischen 100 und 15 000 Hertz.

Die meisten Tiere können einen größeren Frequenzbereich hören, als sie selbst hervorzubringen imstande sind. Unter dem Aspekt der Kommunikation betrachtet, wäre es für sie unsinnig, Töne hervorzubringen, die sie nicht hören können. Andererseits ist es für Tiere wichtig, die Töne zu hören, die ihre Feinde hervorbringen. Deshalb können sie viele Töne hören, die nicht in dem Bereich liegen, in dem sie selbst Töne erzeugen können. Die nachfolgende Tabelle gibt einige Beispiele hierfür. (Die Frequenzen sind in Hertz angegeben.)

	Bereich der erzeugten Töne		Bereich der gehörten Töne	
Hund	452–	1080	15–	50 000
Katze	760–	1520	60–	65 000
Rotkehlchen	2 000–	13 000	250–	21 000
Tümmler	7 000–	120 000	150–	150 000
Fledermaus	10 000–	120 000	1 000–	120 000
Flügel	28–	4186	–	
Orgelpfeife	10–	8000	–	
Telefon	250–	2800	–	
Hi-Fi-Anlage	15–	30 000	–	
Mensch	80–	1200	16–	24 000

85.

Der wahrgenommene Unterschied ist real. Er wäre auch dann noch vorhanden, wenn das Tonbandgerät keinerlei Störungen hervorrufen würde. Für andere Menschen (und auch Tonträger) klingen wir anders als für uns selbst.

Sprechen wir, so erreichen uns die Schallwellen auf zwei Wegen: durch die Luft und über die Schädelknochen. Wenn wir mit den Zähnen klappern oder einen Cracker essen, so erfolgt die Schalleitung hauptsächlich über die Schädelknochen. Dasselbe geschieht, wenn wir bei geschlossenem Mund summen. (Hält man sich die Ohren zu, so wird das Summen lauter.) Bei der Übertragung unserer Stimme durch die Luft geht aber einiges aus dem Bereich niederer Frequenzen verloren. Der größte Anteil der Schwingungsenergie der Stimme wandert in den Frequenzbereich über 300 Hertz. Relativ wenig davon geht in den Niederfrequenzbereich. Deshalb klingt unsere Stimme für andere dünner und weniger kräftig als für uns selbst: Wir hören unsere Stimme sowohl durch die Knochen als auch durch die Luft.

86.

Die Zinken einer schwingenden Stimmgabel bewegen sich in dieselbe Richtung: entweder beide nach rechts oder beide nach links. Der Schwerpunkt der schwingenden Gabel bleibt dabei in Ruhelage.

Hätte die Stimmgabel nur eine Zinke, so würde sich der Schwerpunkt bei den Schwingungen des Zinken mitbewegen. Dann wäre eine stabile Halterung oder zusätzliche starke Kraft erforderlich, um die Energieübertragung auf die Halterung zu minimieren. Würde man versuchen, eine einzinkige Stimmgabel in der Hand zu halten oder sie an einer leichten Halterung zu befestigen, so würde sie ihre Energie auf die Hand oder auf die Halterung übertragen, und die Schwingungen würden schnell aufhören. Mit Hilfe zweier Bälle läßt sich leicht ein Analogon konstruieren: Ball A streift den ruhenden Ball B. Ist A sehr viel leichter als B, so wird er nur wenig seiner Energie verlieren und mit fast unveränderter Geschwindigkeit reflektiert werden. Haben aber A und B dieselbe Masse, so überträgt A seine gesamte Energie auf B und kommt zur Ruhe, während B die ursprüngliche Geschwindigkeit von A annehmen wird.

Aus diesen Gründen brauchen Stimmgabeln mit zwei Zinken keine massive Halterung, sondern können in der Hand gehalten werden und geben dann ihre gesamte Energie an die Luft in Form von Schallwellen ab. Weil die Oberfläche der Stimmgabel klein ist, gibt diese ihre Energie langsam an die Luft ab. Deshalb kann sie mehrere Sekunden lang einen konstanten Ton produzieren.

87.

Die Grille setzt keineswegs die gesamte sie umgebende Luft auf einen Schlag in Bewegung: Sie komprimiert vielmehr die Luft, die sich in ihrer näheren Umgebung befindet, während jeder Schwingung. Dieses Zusammendrücken bleibt nicht stationär, sondern breitet sich, weil die Luft elastisch ist, in allen Richtungen von der Grille weg aus. Die Verdichtungen pflanzen sich weiter fort, indem sie ihrerseits wieder Luft zusammendrücken. Wenn sie unser Ohr erreichen, werden sie als Schall wahrgenommen.

Das Ausmaß der Kompression ist sehr gering. Die Druckunterschiede, die von hörbaren Schallwellen hervorgerufen werden, liegen bei 0,0002 bis 1,000 Dyn/cm^2. Zum Vergleich: der atmosphärische Druck beläuft sich auf zirka 1 Million Dyn/cm^2. Bei einer gewöhnlichen Unterhaltung ändert sich der Druck in einem Meter Entfernung vom Mund des Sprechers nur um 1 Dyn/cm^2.

88.

Eine Schallwelle (wie jede andere Welle auch) wird, trifft sie auf ein Medium mit einer anderen Dichte, teilweise reflektiert. Der andere Teil der Welle setzt seinen Weg fort. Eine Wand wirft eine Schallwelle zurück, weil sie eine plötzliche Zunahme der Dichte bedeutet. Die verdichteten Teile der Welle (die Wellenberge) werden in Form verdichteter Teile, die verdünnten Teile werden ebenfalls als solche zurückgeworfen. Läuft eine Verdichtung ein dünnes Rohr hinab und gelangt sie an dessen offenes Ende, so dehnt sie sich nach außen aus und ruft so ein Druckdefizit hervor – das heißt eine Verdünnung (also ein Wellental). Die Luft, die sich links von dieser Verdünnung befindet, wird angesaugt und will diese auffüllen. Somit pflanzt sich die Verdünnung nach links fort, obwohl sich die Luftteilchen selbst nach rechts bewegen. Dabei wandern deren sich zufällig bewegende Moleküle mit. In ähnlicher Weise werden auch die Verdünnungen einer Welle am offenen Ende in Form von Verdichtungen reflektiert.

89.

1. Der Schall pflanzt sich in warmer Luft schneller fort als in kalter. Schallwellen werden durch Moleküle weitergeleitet, die ihre Nach-

barn anschubsen. In warmer Luft aber wandern die Moleküle schneller, so daß sie ihre Nachbarn früher erreichen. Damit können sich die Verdichtungen mit größerer Geschwindigkeit fortpflanzen. Die Temperaturabhängigkeit von Schallgeschwindigkeit in trockener Luft drückt sich in folgender Formel aus:

$$v_t = v_0 \sqrt{1 + \frac{t}{273}} \quad .$$

Dabei ist v_0 die Schallgeschwindigkeit bei 0 °C (v_0 beträgt 331,3 m/s), und t ist die Temperatur in °Celsius. Bei Raumtemperatur (das sind 20 °C gleich 293 K) ist die Schallgeschwindigkeit gleich 344 m/s.

In ruhigen, klaren Nächten kommt es oft zu einer Temperaturumkehrung (Inversion): Die Temperatur wird ab einer bestimmten Höhe mit zunehmender Höhe ebenfalls größer, weil der nächtliche Boden seine Wärme an die Luft abgibt, selbst aber keine Wärme mehr von der Sonne empfängt. Die Wärme breitet sich schneller aus, wenn es keine Wolken gibt, die sie aufhalten. Die vom Boden erwärmte Luft steigt hoch und bleibt dort, wenn es keinen Wind gibt, der sie mit der kälteren Luft darunter vermischt.

Nehmen wir an, die Temperatur nehme rasch von 10 °C am Boden auf 15 °C in 20 m Höhe zu. Legt man die Hände in Form eines Sprachrohres um den Mund und ruft man einen Freund, der weiter weg steht, so produziert der Mund einen Schallstrahl mit fast gerader Wellenfront. Ist die Bahn dieses Strahles gegen den Boden geneigt, so bewegt sich das obere Ende der Wellenfront in wärmerer Luft als das untere. Deshalb erreicht das obere Ende eine größere Geschwindigkeit und setzt sich vom unteren ab, damit wird die Wellenfront allmählich schräg. Es ist wie beim Kanufahren – paddelt man auf der rechten Seite stärker, so wendet sich das Kanu nach links. Diesen Effekt kann man zu Hause demonstrieren, indem man eine Rolle eine schiefe Ebene hinunterrollen läßt, die zuerst glatt, später aber rauh ist. Beim Übergang in den rauhen Teil ändert die Rolle ihre Richtung, indem sie sich von dem glatten Teil wegwendet.

In ähnlicher Weise krümmen sich Schallwellen von der warmen Luft ab. In der Tat wird der Schallstrahl von der obersten Schicht der Inversionslage reflektiert und läuft dann in Richtung Boden; dort wird er mit demselben Winkel wie zuvor wieder nach oben geschickt. Der Schall kann sich nur in einer dünnen Luftschicht fortpflanzen. Im wesentlichen handelt es sich dabei um einen zweidimensionalen Raum, weshalb die Intensität des Schalles bloß proportional zur ersten Potenz des Abstandes abnimmt – und nicht proportional zur zweiten Potenz des Abstandes, wie das im gewöhnlichen dreidimensionalen Raum der Fall ist. Hat der Schall die Form eines Strahles, so nimmt seine Intensität sogar noch langsamer ab. (Jedoch zerfließen Schallstrahlen wegen ihrer längeren Wellenlänge schneller als Lichtstrahlen.)

2. Im Sommer ist das Wasser oft kälter als die Luft. Das führt zu einer Temperaturumkehrung, da sich die kälteren Temperaturen unten beim Wasser finden. Eine Schallwelle, deren Quelle sich in der Nähe des Wassers befindet, wird zu diesem zurückgebogen. Die Wasseroberfläche ist aufgrund ihrer Glätte ein besserer Reflektor für den Schall als der Boden. Die Schallwellen werden also überwiegend reflektiert, dann zurückgebogen, wieder reflektiert und so weiter.

3. Unter normalen atmosphärischen Bedingungen nimmt der Druck mit zunehmender Höhe ab. Als Resultat hiervon krümmen sich Schallwellen, deren Quelle in der Nähe des Bodens liegt, von diesem weg in Richtung des Ballons, der über einem fliegt. Die Schallwellen aber, die vom Ballonfahrer ausgehen, krümmen sich ebenfalls vom Boden weg. Oft kommen sie dort niemals an. Die Schallwellen, die der Ballonfahrer auslöst, entstehen in etwas dünnerer Luft als auf dem Boden. Deshalb sind diese Schallwellen von geringerer Energie als diejenigen, die von Menschen auf dem Boden erzeugt werden. Für die Luft ist es immer einfacher, aus Gebieten hoher Dichte (mit hohem Druck) in Gebiete mit geringer Dichte (mit niedrigem Druck) abzuwandern. (Dieser Effekt ist recht schwach: die Differenz der Luftdrücke beträgt maximal 10 Prozent.)

Schließlich befindet sich der Ballonfahrer in einer ruhigen Gegend, wo selbst schwache Geräusche gut zu hören sind, während die Leute auf dem Boden in einer Flut von Geräuschen leben, die es schwermacht, die Stimme des Ballonfahrers in diesem Wirrwarr zu identifizieren. Oftmals hört der Ballonfahrer das Echo seiner eigenen Stimme von der Erde, obwohl die Leute unten seinen Rufen keine Beachtung schenken.

4. Dieses Phänomen wird im allgemeinen erklärt, indem man auf Winde in oberen Luftschichten hinweist, die möglicherweise in andere Richtungen als die Bodenwinde geweht haben könnten. Herrscht unten Westwind und oben Ostwind, so werden Orte, die westlich der Schallquelle liegen, ruhig bleiben, weil die Schallwellen nach oben abgelenkt werden (s. Antwort 91). Erreicht der Schall den oberen Wind, der von Osten kommt, so wird er zurück zur Erde gelenkt.

Die Erklärung trifft gelegentlich zu. Sie erklärt aber in keiner Weise, warum eine Ruhezone die Schallquelle in allen Richtungen umgibt und der Schall dennoch weiter draußen in mehreren Richtungen zu hören ist.

Die heute allgemein anerkannte Erklärung beruht auf der Annahme, daß die Rücklenkung des Schalls in der Hauptsache einer Temperaturumkehrung oben in der Atmosphäre zu verdanken ist.

Der Abschuß einer Kanone löst eine halbkugelförmige Schallwelle aus, die sich über dem Boden ausbreitet. Nimmt die Lufttemperatur mit der Höhe ab – wie das gewöhnlich der Fall ist –, so wandert die Welle von der Erde weg. Normalerweise wird ausreichend viel Schall (vor allem niederer Frequenz) auf die Oberfläche zurückgeworfen, so daß der Kanonendonner noch in beachtlicher Entfernung gut zu hören ist. Aber je weiter die Welle emporwandert, desto schwieriger wird es für den gebrochenen Schall, noch einmal auf den Boden zurückzukommen. Das liegt an der zunehmenden Distanz. Deshalb liegt jenseits eines bestimmten Umkreises um die Schallwelle eine Zone der Ruhe.

Erreicht die Schallwelle eine Höhe von 10 bis 15 Kilometern, so läßt die Abkühlung der Luft allmählich nach. Statt dessen erwärmt sie sich mit zunehmender Höhe. In ungefähr 50 Kilometern Höhe erreicht ihre Temperatur ein Maximum. Der Grund für das geschilderte Verhalten ist die Absorption der intensiven Ultraviolettstrahlung, die durch die Ozonschicht von der Sonne kommt. (Einige ultraviolette Strahlen kommen durch, sonst würden wir nicht braun.)

Treffen die Schallwellen auf wärmere Luft, so werden sie von dieser abgelenkt und laufen zum Boden zurück. Nur wenige Wellen überleben diese lange Reise. Die Intensität des Schalls nimmt kontinuierlich ab aufgrund der Verluste im Raum und der Absorption durch die Luft; viel hängt auch von günstigen Bedingungen in der Atmosphäre ab.

90.

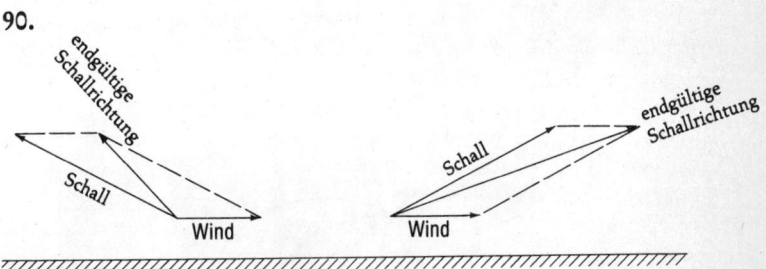

Der Wind kann den Schall nur zurückblasen, wenn er dessen Geschwindigkeit erreicht. (Bläst der Wind mit einer Geschwindigkeit von 80 Kilometern/h, so erreicht der Schall in Windrichtung eine Geschwindigkeit von 80 + 1230 = 1310 Kilometer/h.)

Der Wind hebt den Schall, so daß er über die Köpfe der Hörer hinweggeht. In der Abbildung (a) addieren sich die Geschwindigkeiten von Schall und Wind im Sinne der Vektorrechnung (Parallelogramm der Kräfte). Dabei ist die Länge des Windgeschwindigkeitsvektors übertrieben. An den meisten Tagen des Jahres nimmt die Temperatur der Luft mit der Höhe ab. (Die Luft wird in erster Linie vom Boden und nicht von der Sonne erwärmt.) Weil sich die Schallwellen von der warmen Luft wegkrümmen, sieht das von den Schallwellen einer Schallquelle oberhalb des Bodens erzeugte Muster so aus, wie die Abbildung (b) zeigt. Dabei wurde angenommen, daß Windstille herrscht. Die schwarzen Bereiche zu beiden Seiten markieren Gebiete, die im Schallschatten liegen. Dort ist kein oder nur wenig Schall zu hören.

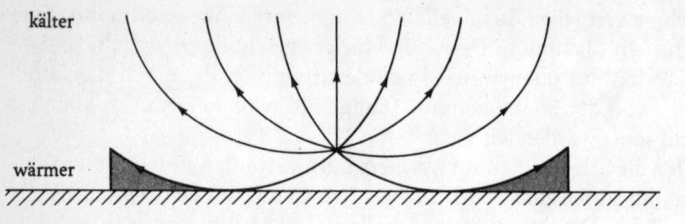

b

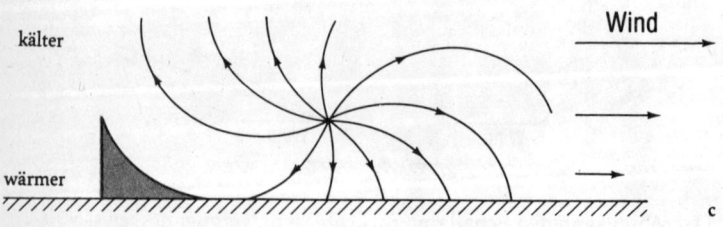

c

Um uns den Effekt des Windes klarzumachen, müssen wir die Vektoren der Wind- und Schallgeschwindigkeit an jedem Punkt miteinander kombinieren. Dabei müssen wir die Zunahme der Windgeschwindigkeit berücksichtigen. Das Resultat zeigt das Diagramm (c): Auf der windzugewandten Seite gibt es einen deutlichen Schallschatten. Die Abschirmung ist allerdings nicht komplett, da der Schall in den Schatten hineingebeugt werden kann. Das gilt vor allem für niedrigere Frequenzen. Die hohen Frequenzen (unter Einschluß der hohen Frequenzen, die beim Sprechen entstehen) werden aber wirksam verstreut. Da gerade sie die Sprache verständlich machen, verursacht der Wind nicht nur Probleme beim Hören von Sprache, sondern auch bei deren Verständnis.

91.

Die Antwort lautet: damit der Schall auf der Rückseite eines Lautsprechertrichters den Schall, der an der Vorderseite produziert wird, nicht durch Interferenz auslöscht.
Jedesmal, wenn sich die Vorderfront des Trichters nach vorn bewegt, wird die Luft zusammengedrückt. Die Rückfront bewegt sich auch nach vorn und führt so zu einer Verdünnung der Luft. Deshalb sind die beiden Wellen, die von den zwei Seiten des Trichters produziert werden, zueinander genau um eine Phase verschoben. Der an der Rückseite entstehende Schall breitet sich nach allen Seiten aus, fließt um den Trichter herum zur Vorderseite und trifft dort auf den an der Vorderseite entstandenen Schall. Bei niedrigen Frequenzen, das heißt bei Wellenlängen im Bereich von 3 Metern, ist die Distanz, die der rückwärtige Schall zurücklegt, im Vergleich zur Wellenlänge klein. Er erreicht die Vorderseite mit fast unveränderter Phase. Dort trifft ein Wellenberg auf ein Wellental, weshalb der Ton vollständig verschwindet.
Eine feste Rückwand vergrößert die Distanz, die der rückwärtige Schall durchlaufen muß, um die Vorderseite zu erreichen. Deshalb wird die Frequenz, bei der die Auslöschung stattfindet, verringert, weshalb ein Teil des Schalles überlebt. Befindet sich der Lautsprecher am Boden, so kann der Schall von der Rückseite auf einer der vier Seiten nicht nach vorn gelangen. Damit wird die Auslöschung um ein Viertel reduziert.

92.

Frisch gefallener Schnee ähnelt in seinen Eigenschaften jenem Dämmmaterial, das man oft an den Decken von Büros sehen kann. Schnee besitzt ebenfalls Milliarden kleiner Löcher in seinen Flocken, in die sich die schallübertragenden Luftmoleküle verirren können, wobei sie in dem gigantischen Gewirr mikroskopischer Tunnels verlorengehen. Der Schall findet keinen Ausweg und verschwindet. Seine Energie wird dabei in Wärme umgewandelt. Die Stille, die nach dem Fallen von Schnee auftritt, kann gefährlich werden, weil sie die Geräusche menschlicher Ansiedlungen verschluckt und es schwermacht, unter dem Schnee verschüttete Menschen zu lokalisieren.

93.

In den gemäßigten Zonen sowohl der nördlichen als auch der südlichen Hemisphäre kommt der Wind überwiegend aus Westen. Wird die Autobahn westlich an der betreffenden Stadt vorbeigeführt, so werden Abgase und Lärm geradewegs in die Fenster der Menschen getragen. (Die gleiche Überlegung gilt natürlich auch für Industrieansiedlungen.)
Reisende werden feststellen, daß sich die teuren Viertel von Großstädten wie Georgetown (Washington D. C.) und Beverly Hills (Los Angeles) westlich des Stadtzentrums befinden. Im neunzehnten Jahrhundert wurden in Europa Fabriken und rauchspeiende Schornsteine mitten in den Städten errichtet. Die Qualität der Luft sowie der Lärm in den östlichen Stadtgebieten waren oftmals nur schwer zu ertragen.

94.

Die Zinken erzeugen Schallwellen entgegengesetzter Phasen. Wir wollen zunächst annehmen, die Stimmgabel schwinge in einer Ebene senkrecht zur Oberfläche des Trommelfells. Bewegt sich eine Zinke auf das Ohr zu und erzeugt dabei eine Verdichtung, so bewegt sich die andere vom Ohr weg und ruft dabei eine Verdünnung hervor. Weil der Abstand der Zinken – wie oben bemerkt – nur einen kleinen Bruchteil der Wellenlänge ausmacht, werden die Wellen, wenn sie aufeinandertreffen, immer noch entgegengesetzte Phasen haben. Also werden sie sich praktisch auslöschen; das Ergebnis hiervon ist ein sehr schwacher Ton.
Analog verhält sich die Stimmgabel wie eine einzige Schallquelle, wenn sie in einer Ebene schwingt, die parallel zum Trommelfell des Ohres ist. Verdünnungen und Verdichtungen verstärken einander gegenseitig, was zu einem lauten Ton führt.
Dreht man die Stimmgabel, so nimmt sie diese beiden Positionen sowie

alle Zwischenstellungen nacheinander ein. Folglich variiert der Ton zwischen laut und leise, wobei er alle dazwischen liegenden Lautstärken ebenfalls durchläuft.

95.

Hauptsächlich, weil der Blitz einen gezackten Weg verfolgt. Einige Punkte seines Weges liegen näher beim Beobachter als andere, so daß das Geräusch des Donners gedehnt wird. Liegt beispielsweise der nächste Punkt 1650 m näher am Beobachter als der entfernteste, so rollt der Donner 5 Sekunden lang, weil die Schallgeschwindigkeit in der Luft rund 330 Meter pro Sekunde beträgt.

Ein Blitz besteht oft aus einer Folge von einzelnen Blitzschlägen. Es wurden schon 30 bis 40 Blitzschläge in einem Zeitintervall von 0,05 Sekunden beobachtet, die alle mehr oder minder denselben Weg nahmen. Die von den verschiedenen Blitzschlägen erzeugten Schallwellen interferieren miteinander, woraus ein Donnergeräusch mit zu- und abnehmender Stärke resultiert.

Weiterhin werden die vom Blitz erzeugten Schallwellen durch Luftschichten verschiedener Dichte gebrochen und reflektiert. Warme Luft (die sich gewöhnlich tagsüber in Bodennähe befindet) hat eine geringere Dichte als kalte Luft. Schichten warmer Luft können sich jedoch mit Schichten kalter Luft abwechseln, wobei sich die Lageverhältnisse aufgrund der nie endenden Luftbewegungen ständig ändern. (Den Donner kann man bis zu 40 Kilometer weit hören. Seine mittlere Reichweite beträgt 16 Kilometer.) Einen ähnlichen Effekt hat man in den Canyons des Colorado Rivers beobachtet, wo das Geräusch von Außenbordmotoren gelegentlich bis zu 15 Minuten, bevor das Boot in Sichtweite kommt, zu hören ist (und noch 15 Minuten nach seinem Verschwinden). Der Grund hierfür ist die Reflektion an den Wänden des Canyons.

8. Heiß & kalt:
Pelzmützen & Milchkaffee

96.

Man schütte die Hälfte des kalten Wassers in den Behälter D und stelle D in A (das heißes Wasser enthält). Die Endtemperatur wird sowohl in A als auch in D 60 °C betragen. Nun schütte man das 60 °C heiße Wasser aus D in C und wiederhole den Vorgang mit der anderen Hälfte des kalten Wassers und den Behältnissen D und A. Die Endtemperatur des in D befindlichen Wassers (D steht in A; in D befindet sich der Rest des ursprünglich kalten Wassers) und des Wassers in A beträgt ungefähr 47 °C. Nun schütte man das in D befindliche Wasser zu dem in C dazu. Die Endtemperatur der entstehenden Mischung ist etwa 53 °C. Also wurde das kalte Wasser auf 53 °C erwärmt, während das heiße auf 47 °C abkühlte.

97.

Wer kann schon etwas mit kochendem Wasser von beispielsweise 70 °C anfangen? In dieses Wasser können Sie beruhigt Ihren Finger stecken. Fleisch, Eier und Gemüse müßten ewig darin liegen, um gar zu werden. Medizinische Geräte ließen sich durch Abkochen nicht mehr keimfrei machen. Und so weiter.

98.

Erstens ist 37 °C die Temperatur des Körperinnern. Der Betrag, der durch die Haut in Form von Wärmestrahlung verlorengeht, hängt von der Temperaturdifferenz zwischen Haut- und Raumtemperatur ab. Die Temperatur der Haut ist aber in der Regel wesentlich niedriger als die im Körperinnern (sie beträgt auf dem Rücken 32 °C, an den Beinen 29 °C und an den Füßen 10 °C oder weniger). Zweitens ist stehende Luft ein schlechter Wärmeleiter. Greift man einen metallenen Gegenstand in einem Zimmer an, so erscheint er kühl, obwohl er Raumtemperatur besitzt: Metall leitet die Wärme besser als die Luft.
Drittens geht auf der Oberfläche der Haut durch Verdunstung Wärme

verloren. Bewegt sich die umgebende Luft nicht, so bildet sich eine dauerhafte warme Luftschicht über der Haut. Die Schicht ist gesättigt mit Wasserdampf, weshalb sie eine weitere Verdunstung erschwert. Wird diese stabile Schicht durch den Wind oder durch einen Fächer zerstört, so nimmt die Verdunstung rasch zu, und wir haben eine unangenehme Empfindung des Kühlen oder gar des Eiskalten. Selbst in einer leichten Brise mit 3 bis 5 Stundenkilometern Geschwindigkeit kühlt die Haut doppelt so schnell ab wie bei Luftgeschwindigkeiten von weniger als 1,5 Kilometern. Man spricht deshalb von Windkühlung.

99.

Die meisten unter uns denken, Eis sei selbstverständlich rutschig. Unsere Unkenntnis ist entschuldbar, denn kein vernünftiger Mensch geht bei Außentemperaturen von $-20\,°C$ bis $-30\,°C$ Schlittschuhlaufen. Schlittschuhfahren ist jedoch nur deshalb möglich, weil das Eis unter den Schlittschuhen vorübergehend schmilzt. Dadurch entsteht ein dünner Schmierfilm aus Wasser zwischen Kufen und Eis. Hieran sind Druck und Reibung beteiligt. Der Druck führt zu einer Schmelzpunkterniedrigung beim Wasser, so existiert das Eis vorübergehend als Wasser bei Temperaturen unter dem Nullpunkt. Die Reibung erzeugt Wärme, die wiederum beim Schmelzen mithilft. Sinkt aber die Temperatur unter den Wert, für den der Druck aus dem Eis Wasser machen kann, so gibt es keinen Schmiereffekt mehr – und das Schlittschuhlaufen wird in der Tat schwierig.

100.

Besser ist es, fünf Minuten zu warten und erst dann die Milch hineinzuschütten. Nach dem Newtonschen Abkühlungsgesetz ist die Abkühlung proportional zur Differenz zwischen der Temperatur des abkühlenden Körpers und der Temperatur des umgebenden Mediums. Die Temperatur T beträgt zur Zeit t

$$T = T_L + (T_0 - T_L)\, e^{-At},$$

wobei T_L die Lufttemperatur, T_0 die Temperatur des Körpers zur Zeit $t = 0$ und A eine Konstante ist, die von der Größe, der Form und der Zusammensetzung des Körpers abhängig ist. Diese Formel stellt nur eine Approximation dar; sie ist aber in der Praxis nützlich.

Beginnt man, indem man den Kaffee durch die Milch abkühlt, so wird die Differenz zwischen der Temperatur des Kaffees und derjenigen der Luft verringert. Deshalb erfolgt die Abkühlung langsamer.

101.

Es ist wahrscheinlicher, daß ein dickes Glas zerspringt. Glas ist ein schlechter Wärmeleiter. Schüttet man heißes Wasser in ein Glas, so ist dessen Innenwand der Hitze unmittelbar ausgesetzt. Sie dehnt sich deshalb sofort aus. Die Außenseite aber beginnt erst dann, sich auszudehnen, wenn die Hitze die gesamte Dicke des Glases durchquert hat. Die Innenwand vergrößert sich, während die Außenwand gleichbleibt, was zu enormen Spannungskräften im Glas führt. Die Hitze braucht natürlich länger, um ein dickes Glas zu durchqueren.

102.

Das Gefrierfach kühlt die Luft um sich herum ab. Kalte Luft ist dichter als warme. Nach dem Archimedischen Prinzip verliert sie ihren Auftrieb in Relation zu warmer Luft und sinkt wegen der Gravitation nach unten. Die warme Luft wird nach oben gelenkt, ebenfalls vom Gefrierfach abgekühlt und sinkt auch nach unten. Auf diese Art entstehen Konvektionsströmungen im Kühlschrank, die kalte Luft in dessen unteren Teil befördern.
Würde man das Gefrierfach auf den Boden legen, so würde die von ihm abgekühlte Luft dort verbleiben. Sie würde in diesem Falle nicht bei der Abkühlung der anderen Waren mithelfen.

103.

Das ist gewiß möglich. Eis stellt einen Festkörper dar; seine Temperatur kann wie die jedes anderen Körpers reduziert werden.
Beträgt die Außentemperatur $-20\,°C$, so hat die oberste Eisschicht auf einem zugefrorenen See eine Temperatur von $-20\,°C$. Die unterste Eisschicht berührt das Wasser. Nun wird Wasser leichter (weniger dicht), wenn seine Temperatur von $4\,°C$ auf $0\,°C$ abnimmt. Deshalb beträgt die Wassertemperatur in einem solchen See zwischen $4\,°C$ (am Boden) und $0\,°C$ (unmittelbar unter dem Eis); die unterste Eisschicht hat $0\,°C$. Die

große Temperaturdifferenz im Eis führt dazu, daß dieses bricht, da Eis ein schlechter Wärmeleiter ist. (Wäre es ein guter Wärmeleiter, so würden die Eskimos in ihren Iglus zittern!)

104.

Kommt die Haut mit der kalten Witterung draußen in Berührung, so ziehen sich die Blutgefäße in der Haut zusammen. Dadurch wird die Blutzufuhr in die Haut gedrosselt, und es fließt mehr Blut ins Körperinnere. Auf diese Art und Weise wird der Wärmeverlust reduziert. Dieses Phänomen tritt überwiegend an Händen und Füßen auf. Niemals jedoch schränkt der Körper die Blutzufuhr zum Kopf ein. Die größte Lücke im Wärmeschutz des Körpers befindet sich deshalb am Kopf: Die Eskimos tragen Pelzmützen …

105.

Ja: Dampf ist ein Gas unterhalb seiner kritischen Temperatur. Im Falle von Wasser beträgt die kritische Temperatur 374 °C. Oberhalb dieses Wertes findet keine Kondensation von Dampf in Wasser mehr statt – gleichgültig, wie groß der angewandte Druck ist. Deshalb kann dann Dampf nur noch als Gas existieren. (Dampf ist dabei definiert als verdunstetes Wasser, das heißt als Wasser oberhalb des Siedepunktes – das sind bei normalen Druckverhältnissen 100 °C.)

106.

Heutzutage sind die Kühlerverschlüsse so dicht, daß sich im Innern ein Dampfdruck aufbauen kann. Je größer der Druck, desto höher der Siedepunkt. Folglich kocht das Wasser des Kühlers nicht schon bei 100 °C, sondern erst bei etwa 120 °C. Weil es keine Schwierigkeiten gibt, wenn das Wasser 100 °C erreicht, kann man die Kühler kleiner auslegen, da ihre Kühlwirkung nicht so groß sein muß.
Wird die Verschlußklappe abgenommen, so fällt der Druck im System schlagartig auf das Niveau des Luftdrucks. Hat die Temperatur des Wassers bereits die 100-Grad-Grenze überschritten, so verwandelt sich das Wasser augenblicklich in Dampf. Dabei vergrößert sich sein Volumen um den Faktor 1,7. Was folgt, ist eine Form von Überkochen.

107.

Ja, das ist möglich. Der größte Teil des Wassers, das sich im Tee befindet, entweicht durch die Poren der Haut und verdunstet. Jedes Gramm verdunstenden Wassers nimmt 539 Kalorien an Wärme aus der Haut mit sich. Ist der heiße Tee 85 °C heiß, so macht die Wärmemenge, die der Körper beim Abkühlen des Tees auf Körpertemperatur im Verdauungstrakt aufnimmt, nur rund ein Zehntel der Wärmemenge aus, die durch Verdunstung abgegeben wird.

108.

Aus demselben Grund, aus dem es fast unmöglich ist, an einem sehr kalten Tag einen Schneeball zu formen: Der Druck unter den Schuhen reduziert den Schmelzpunkt des Eises. Das bedeutet aber, daß Wasser auch bei Temperaturen unter 0 °C noch existieren kann (vergleiche Antwort 99). Folglich werden die Schneekristalle von einer dünnen Schmierschicht aus Wasser bedeckt, die das charakteristische Quietschen beseitigt. (Dieses wird von der hohen Reibung hervorgerufen, die entsteht, wenn die Schneekristalle aneinander vorbeigleiten.)

109.

Die Wärmemenge, die ein Tier erzeugt, ist in etwa proportional zu seinem Volumen L^3 (wobei L die Abmessung des Tieres in einer Dimension sein soll). Die abgestrahlte Wärmemenge aber ist proportional zu seiner Oberfläche (also zu L^2). Das Verhältnis von Wärmeproduktion zu Wärmeverlust beträgt somit $L^3/L^2 = L$: Je kleiner das Tier, desto größer der Wärmeverlust. Aus diesem Grunde sind viele Tierarten, die in der Arktis leben, größer als ihre Verwandten in wärmeren Gebieten. Diese Einsicht erklärt auch, warum Flöhe im Winter größer werden.
Kleineren Tieren erwachsen auch Nachteile, weil sie nicht fähig sind, ein dickes Fell zu tragen. Tiere ohne dickes Fell, wie z. B. Wiesel oder Mäuse, verbringen den Winter in geschützten Höhlen unter dem Schnee und kommen nur selten an die Oberfläche.

110.

Einige Stoffe, die feste Körper bilden können, haben eine starke Tendenz dazu, Gasmoleküle an ihrer Oberfläche zu binden (dieser Vorgang wird Adsorption genannt). Aktiviert man ein Stück Holzkohle (das heißt, erhitzt man es, so daß es bereits adsorbierte Materie wieder abgibt), so kann sie große Mengen von Giften oder von Verunreinigungen aus einem Luftstrom herausfiltern. Aus diesem Grunde wird Aktivkohle in Gasmasken und Zigarettenfiltern verwendet.

Auch trockene Kaffeebohnen haben, ähnlich wie Holzkohle, eine poröse Oberfläche und deshalb einen großen Flächeninhalt. Die Adsorptionsfähigkeit von Substanzen nimmt mit zunehmender Temperatur ab. Aus diesem Grunde geben Kaffeebohnen, die man in heißes Wasser legt, einen Großteil des in ihrer Oberfläche adsorbierten Gases ab. Das Gas wird in Blasen frei – es sieht aus, als würde das Wasser kochen.

111.

Wird Salz oder eine andere Substanz in Wasser gelöst, senkt sich dessen Gefrierpunkt. Aus diesem Grunde streut man im Winter auf Straßen und Bürgersteige Salz. Eine Mischung aus Salz und Wasser friert erst bei Temperaturen unter $-21\,°C$.

Der Mechanismus, der sich bei diesem Vorgang auf der Molekülebene abspielt, ist interessant. Frieren und Schmelzen treten gleichzeitig in verschiedenen Teilen des Systems auf. Die Löslichkeit von Salz in Eis ist sehr gering. Außerdem sind die Eisstückchen bei Raumtemperatur stets von einer ganz dünnen Schicht von Wasser bedeckt. Bestreuen wir Eis mit Salz, so verbleibt das Salz fast vollständig in der Wasserschicht, weshalb sich dort eine hochkonzentrierte Lösung bildet.

An der Grenze zwischen Eis und Wasser verlassen einige H_2O-Moleküle das Eis und gehen in das Wasser über (das ist nichts anderes als Schmelzen), andere verlassen das Wasser, um im Eis aufzugehen (Frieren). Wird Salz in Wasser gelöst, so zerfällt es in Natrium- und Chlorionen, Na^+ und Cl^-. Die werden auf elektrischem Wege von den Hydroxid- und den Wasserstoffionen (OH^- bzw. H^+) angezogen, die sich im Wasser befinden. Die Ionen verbinden sich; als Ergebnis wird die Anzahl der Wassermoleküle in der Salzlösung reduziert. Dann stehen aber nur noch wenige Moleküle für den Gefrierprozeß zur Verfügung, er läuft daher langsamer ab. Der Schmelzprozeß dagegen wird vom Eis fast gar nicht beeinflußt. Um den Gefriervorgang zu beschleunigen und damit wieder einen Ausgleich zum Schmelzen zu schaffen, müßten die Temperaturen sinken.

Bei dem geschilderten Trick zeigt die genauere Betrachtung, daß das Salz etwas Eis rund um den Schaft des Streichholzes zum Schmelzen bringt. Schmelzen braucht Energie. Diese Energie stammt aus dem Wasserfilm unter dem Streichholz, der geschützt war, als das Salz ausgestreut wurde. Der Entzug von Wärme läßt das Wasser gefrieren, wodurch das Streichholz auf dem Eiswürfel festgeklebt wird.

112.

Normalerweise ist jedes Eisstückchen von einer dünnen Wasserschicht bedeckt, selbst dann, wenn die Temperaturen unter den Gefrierpunkt fallen. Befinden sich die Wassermoleküle dieser Schicht zwischen zwei Eisflächen, verlassen mehr Moleküle das Wasser, um sich dem Eis anzuschließen (das heißt, sie gefrieren) als umgekehrt Moleküle das Eis verlassen, um in Wasser überzugehen (das heißt, um zu schmelzen). Es entstehen Verbindungen zwischen den Eiswürfeln, weshalb diese gefrieren.

113.

Das stimmt tatsächlich. Ein Liter ist eine Volumeneinheit. Benzin dehnt sich, wie die meisten anderen Flüssigkeiten und Festkörper, bei Erwärmung aus – und zwar um 0,6 Prozent pro 11 °C Temperaturanstieg. Füllt man also seinen Benzinkanister an einem heißen Sommertag, so enthält jeder Liter gewichtsmäßig etwas weniger Benzin als an einem kalten Tag.

114.

Ein abgeschlossener Raum über der Oberfläche einer Flüssigkeit enthält immer gesättigten Dampf. Erreicht die Flüssigkeit ihren Siedepunkt, so wird der Dampfdruck gleich dem Luftdruck. Wird der Kolben langsam angehoben, so füllt sich der Raum oberhalb des kochenden Wassers schnell mit gesättigtem Dampf, dessen Druck gleich dem Luftdruck ist. Damit wird der Druck ausgeglichen, der auf das Wasser außerhalb des Kolbens ausgeübt wird, weshalb der Wasserspiegel im Kolben unverändert bleibt.

Zieht man dagegen den Kolben rasch an, so bildet sich nicht schnell genug ausreichend Wasserdampf, der den gesamten Raum zwischen dem kochenden Wasser und dem Kolben ausfüllen könnte. Der Dampf wird gewaltsam ausgedehnt; er kühlt sich während dieses Vorganges ab. Aufgrund des schnellen Entstehens von Wasserdampf wird auch die oberste Wasserschicht im Kolben kühler. Deshalb wird der Dampfdruck im Kolben kleiner sein als der Luftdruck, und das Wasser wird bis zu der Höhe ansteigen, bei der die Summe des hydrostatischen Druckes des Wassers und des gesättigten Dampfdruckes dem Luftdruck gleich ist.

Wird dem Wasser Wärme zugeführt, so fängt das Wasser wieder zu kochen an. Dabei erreicht der gesättigte Dampf wieder eine Temperatur von 100 °C und einen Druck, der gleich dem atmosphärischen ist. Der Wasserspiegel im Kolben wird in diesem Falle sinken bis zum Niveau des restlichen Bechers.

115.

Nein, Wasser ist nicht die einzige Substanz, die sich so verhält. Die Blei-Zinn-Antimon-Legierung, die als Material für Drucktypen Verwendung findet, dehnt sich ebenfalls beim Erstarren aus: deshalb füllt sie alle Ekken und Risse der Formen aus. Dasselbe gilt für Legierungen mit Sterlingsilber, die oftmals bei kniffligen Designs – beispielsweise bei den Griffen von Tischgeschirr – Verwendung finden. Auch Silizium und Germanium dehnen sich beim Erkalten aus. Wasser ist allerdings die einzige bekannte Substanz, die sich in den letzten Graden oberhalb des Gefrierpunktes ausdehnt.

116.

Die Temperatur der Luft, die aus der Lunge kommt, beträgt 37 °C, während die Temperatur der Hände bloß bei 25 °C bis 30 °C liegt. Bläst man vorsichtig, bringt man die warme Luft der Lungen in Berührung mit der kühleren Haut und bekommt so ein Gefühl der Wärme.

Bewegt man die Hände weiter vom Mund weg, vermischt sich die Zimmerluft mit diesem Luftstrom. (Das folgt aus Bernoullis Prinzip, da die Luft in einem Luftstrom stets einen geringeren Druck hat.) Bläst man stark, so wird der Druck weiter verringert, weshalb mehr Luft aus dem Zimmer in den Luftstrom gelangt. Bis er die Hände erreicht hat, enthält er viel Zimmerluft und ruft so eine Empfindung der Kälte hervor.

Wichtig ist auch, daß der Luftstrom die stehende Luftschicht oberhalb der Haut durchbricht. Diese ist mit Wasserdampf gesättigt, der auf der Haut entsteht. Dadurch beschleunigt sich die Verdunstung, was zu einem verstärkten Wärmeentzug führt. Je stärker man bläst, desto größer ist dieser Effekt.

9. Prüfen Sie Ihren Schaltkreis

117.

Es entsteht überhaupt keine Spannung. Eine Person, die im Freien steht, ist ein geerdeter Leiter. Ihre Haut ist wie bei jedem Leiter eine Äquipotentialfläche. Die Spannung, die sich an einem beliebigen Punkt der Haut ergibt, ist überall dieselbe – sie ist gleich der Potentialdifferenz zum Potential des berührten Gegenstandes. Steht die Person frei, so berührt sie den Boden. Dessen Potential ist gleich Null, weshalb die Person keiner Gefahr ausgesetzt ist.

118.

Die Verletzungen, die ein elektrischer Schlag hervorruft, hängen in erster Linie von der Stärke des Stroms ab, der durch den Körper fließt, und nicht von der Höhe der angelegten Spannung. Der Strom ist um so stärker, je kleiner der Widerstand ist, der sich ihm auf seinem Weg entgegenstellt – aus diesem Grunde ist es sinnvoll, beim Arbeiten mit elektrischen Anlagen dicke Gummisohlen zu tragen. Dickes Gummi besitzt einen fast unendlich großen Widerstand gegen elektrischen Strom, der wiederum – weil er keinen vollständigen Stromkreis bilden kann (hinein durch die Hand, hinaus durch die Füße) – überhaupt nicht fließen kann. Der Widerstand des menschlichen Körpers setzt sich aus zwei Anteilen zusammen: Kontaktwiderstand und Körperwiderstand. Der Kontaktwiderstand, der sich dem Versuch des elektrischen Stroms, in den Körper einzudringen, widersetzt, hängt weitgehend von der Feuchtigkeit der Haut und der Dicke der obersten Hautschicht ab. Eine trockene und schwielige Hand kann einen Kontaktwiderstand von 10^5 Ohm pro Quadratzentimeter haben. Ist sie aber feucht, so kann dieser Wert bis auf 1200 bis 1500 Ohm pro Quadratzentimeter sinken. Aus diesem Grunde entstehen die meisten Verletzungen mit elektrischem Strom im Badezimmer.
Der Widerstand des Körpers selbst liegt nur bei etwa 200 Ohm. Der Grund hierfür ist, daß der Körper fast nur aus Wasser besteht. Die Stromdichte hat auch einen gewissen Einfluß. Kleine Tiere erleiden leichter einen elektrischen Schlag als große, weil sich bei letzteren der Strom auf ein größeres Volumen verteilt. Dies erklärt vielleicht den Glauben, daß dünne Leute für elektrische Schläge anfälliger seien.

Unter 1000 Volt wirkt Wechselstrom mit größerer Wahrscheinlichkeit als Gleichstrom tödlich. Bei höheren Spannungen ist das Umgekehrte der Fall. Ein Wechselstrom ist in besonderem Maße dazu geeignet, das Kontrollzentrum des Herzens zu stören. Dieses hört entweder ganz auf zu schlagen oder geht aber in unkontrollierte Zuckungen – das sogenannte Herzflimmern – über. In beiden Fällen wird kein Blut mehr gefördert. Eine niedrige Spannung kann eine andauernde Kontraktion der Handmuskulatur verursachen, so daß es unmöglich wird, die Stromquelle loszulassen. Bei hohen Spannungen können die Kontraktionen so heftig sein, daß sie einen befreien.

Andererseits besteht bei einer 110-Volt-Leitung nicht die Gefahr, daß der Strom überspringt. Dies ist bei einer 50000-Volt-Leitung grundsätzlich anders.

119.

Der Widerstand eines Drahtes verringert sich mit abnehmender Temperatur. Es fällt den Elektronen nämlich leichter, durch ein Kristallgitter zu fließen, dessen Gitteratome nur wenig vibrieren.

Hieraus folgt, daß der Widerstand des abgekühlten Teiles abnehmen wird, während der des anderen Teiles gleich bleibt.

Der Gesamtwiderstand wird geringer, und nach dem Ohmschen Gesetz ($I = U/R$) wird der durch den Draht fließende Strom größer, weil U als konstant anzusehen ist. Die Wärme, die ein Strom I in einer Zeiteinheit produziert, wird gegeben durch I^2R. Der Widerstand R des nicht gekühlten Teiles ist gleich geblieben, aber der durch ihn hindurchfließende Strom ist größer geworden. Deshalb wird die abgegebene Wärme sehr viel größer sein als im ungekühlten Zustand. Selbst eine kleine Differenz in I ruft einen wahrnehmbaren Effekt hervor, weil ja die abgegebene Wärme proportional zum Quadrat der Stromstärke ist.

120.

Man ordne die Stäbe und den Magneten wie abgebildet an. Dabei gibt es zwei verschiedene Möglichkeiten (in beiden Fällen ist der magnetisierte Stab derjenige, an dessen Enden N und S steht). Im Falle von (a) findet zwischen dem Stab und dem Magneten keine Anziehung statt. Die Kräfte zwischen den Polen des Magneten und den induzierten Polen des Stabes sind einander gleich, aber entgegengesetzt – sie heben sich also auf.

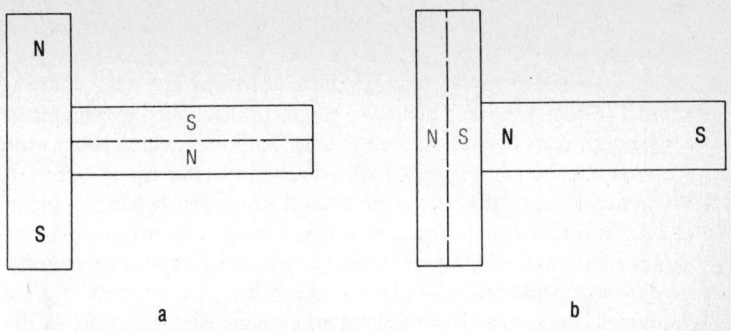

a   b

Im Falle von (b) findet aber eine Anziehung statt, weil die Anziehung zwischen dem Nordpol N des Magneten und dem induzierten Südpol S des Stabes größer ist als die Abstoßung zwischen dem Nordpol N des Magneten und dem induzierten Nordpol N des Stabes. Die Kräfte zwischen dem Südpol S des Magneten und den induzierten Nord- und Südpolen des Stabes heben sich weitgehend gegenseitig auf, weil die relative Differenz der Abstände zwischen den Polen gering ist.

121.

Die Ausrichtung einer Antenne – sowohl als Sender als auch als Empfänger – hängt von der Polarisation der verwendeten elektromagnetischen Wellen ab. Ist die Welle horizontal polarisiert, so oszilliert der elektrische Feldvektor in einer horizontalen Ebene. Das magnetische Feld, das immer senkrecht zum elektrischen steht, oszilliert in einer vertikalen Ebene. Die momentane Richtung des elektrischen Feldvektors stimmt mit derjenigen des Wechselstromes in der aussendenden Antenne überein. Verläuft deren Leiter horizontal, so ist die ausgesandte Welle horizontal polarisiert.

In der BRD, den Vereinigten Staaten und den meisten anderen Ländern gilt die horizontale Polarisation bei Funk und Fernsehen als vorteilhaft. In England dagegen gilt die vertikale Polarisation als die beste Wahl.

122.

Nein, das Feld verschwindet nicht. Zwar befinden sich die Elektronen im Draht relativ zum gehenden Beobachter in Ruhe, aber die positiven Ionen des Kristallgitters bewegen sich mit derselben Geschwindigkeit in die entgegengesetzte Richtung wie zuvor. Weil ein Leiter, als Ganzes betrachtet, elektrisch neutral ist, ist die Anzahl von positiv geladenen Ionen und negativen Elektronen gleich. Darüber hinaus ruft eine positive Ladung, die sich in eine Richtung bewegt, dasselbe magnetische Feld hervor wie eine gleichgroße negative Ladung, die sich in die entgegengesetzte Richtung mit derselben Geschwindigkeit bewegt. Also verursachen die sich rückwärts bewegenden positiven Ionen dasselbe magnetische Feld wie die vorwärtsfließenden Elektronen.

Läuft man mit einer Geschwindigkeit, die – sagen wir – halb so groß ist wie die der Elektronen, so wird das Magnetfeld, das von den vorwärtsfließenden Elektronen hervorgerufen wird, nur halb so stark sein wie im Zustand der Ruhe. Der Beitrag zu dem Feld aber, den die mit halber Geschwindigkeit rückwärtsfließenden Ionen leisten, führt zu demselben Magnetfeld, das auch der ruhende Beobachter feststellt. Bei jeder beliebigen Geschwindigkeit ergibt sich dasselbe Resultat. Es gibt keine Möglichkeit, sich so zu bewegen, daß das magnetische Feld verschwindet.

123.

Das Bild auf dem Bildschirm eines Fernsehgerätes wird durch einen wandernden Elektronenstrahl erzeugt. Zu jedem Zeitpunkt trifft der Strahl genau einen Punkt des Bildschirms. (Farbfernsehgeräte verfügen über drei Strahlen, die von verschiedenen Elektronenquellen abgeschossen werden und die den drei Primärfarben entsprechen. Aber selbst in Farbfernsehgeräten befinden sich die drei Punkte, die von den drei Strahlen getroffen werden, in einem Dreieck, das so klein ist, daß es als ein einziger Punkt betrachtet werden darf.)

Wenn der Strahl eine horizontale Linie abtastet, wechselt seine Intensität 435mal, wobei er hellere und dunklere Punkte auf dem Bildschirm produziert. Die Trägheit der Wahrnehmung verführt den Betrachter dazu, das Ganze als ein umfassendes Bild und nicht als eine Abfolge von Punkten zu sehen.

Der Stroboskopeffekt kommt daher, daß der Schirm abwechselnd hell und dunkel ist.

124.

Das Phänomen resultiert aus dem Zusammenspiel elektromagnetischer Wellen verschiedener Länge und den verschiedenen ionisierten Luftschichten, die unter der zusammenfassenden Bezeichnung Ionosphäre bekannt sind. Die Atmosphäre der Erde wird unablässig durchströmt von Photonen (das sind Lichtpartikel), die von der Sonne und von kosmischen Strahlen stammen. Die Photonen mit hoher Energie sind in erster Linie diejenigen, die zum äußersten Ultraviolettbereich des Spektrums oder zu den Röntgenstrahlen gehören. Sie verfügen über genügend Energie, um ein Elektron aus einem neutralen Atom in der oberen Atmosphäre herauszuschlagen und so ein positiv geladenes Ion zurückzulassen. Die kosmischen Strahlen sind noch viel energiereicher als die ultravioletten. Allerdings sind sie auch sehr viel seltener, weshalb ihre Wirkung gering zu veranschlagen ist.

Die verschieden ionisierten Schichten sind: 1. die D-Schicht, die bei Nacht verschwindet; 2. die E-Schicht, die ebenfalls bei Nacht verschwindet; 3. die F_1- und die F_2-Schicht, die während des Tages ineinander übergehen. Hauptsächlich wegen des Verschwindens der F_1-Schicht verschmelzen diese beiden Schichten in der Nacht vollkommen. Die so entstehende neue Schicht ist ein exzellenter Reflektor für Kurzwellen.

Wie beeinflussen diese Schichten die Ausbreitung elektromagnetischer Wellen? Wellen niederer Frequenz bis zu 500 Kilohertz können nicht weit in die ionisierte Luft eindringen. Sie werden an der D-Schicht reflektiert. Wellen mittlerer Frequenz, wie die Mittelwellen beim Rundfunk, lassen sich nicht so leicht zurückwerfen. Sie werden erst von der E-Schicht reflektiert. Wellen hoher Frequenz, das heißt also Kurzwellen, gelangen bis zur F-Schicht, bis sie schließlich zur Erde zurückgeschickt werden. Wellen mit sehr hoher Frequenz, das sind u. a. Fernseh- und Radarstrahlen, haben so viel Energie, daß sie in den luftleeren Raum vordringen können. Aus diesem Grunde bleiben Fernseh- und Radarstrahlung auf den sichtbaren Sektor der Erdoberfläche beschränkt, das sind in der Regel 65 Kilometer.

125.

In manchen Gegenden war es üblich, die Haushalte mit 110 Volt Gleichstrom zu versorgen. Größere Voltzahlen galten als gefährlich. Später gelangte man in den meisten Ländern zu der Ansicht, daß diese Bedenken übertrieben waren (vergleiche Antwort 118). Größere Voltzahlen machen die Stromverteilung ökonomischer. Die vom elektrischen Strom bereitgestellte Leistung ist gleich dem Produkt aus Spannung und Stromstärke. Wird die Spannung verdoppelt, so wird dieselbe Leistung von einer halb so großen Stromstärke vollbracht. Das bedeutet, daß man den Querschnitt der Leiter halbieren kann, was wiederum zu einer gewaltigen Ersparnis an Kupfer und anderen immer seltener werdenden Metallen führt. Ein halbierter Strom, der durch einen halbierten Leiter fließt, trifft auf einen ungeänderten Widerstand.

Leistung läßt sich auch durch Verminderung von Wärmeverlusten (I^2R) gewinnen. Wir wollen annehmen, daß unser Strom ursprünglich eine Stromstärke I von 4 Ampere hatte und der Widerstand des Leiters 4 Ohm betrug. Dann beträgt der Wärmeverlust $I^2R = 16 \times 4 = 64$ Watt (damit wird das Kupfer des Leiters erwärmt). Nun verdopple man die Voltzahl. Die Stromstärke wird halbiert: $I = 2$ Ampere. Auch die Querschnittsfläche des Drahtes wird halbiert, was dessen Widerstand auf 8 Ohm erhöht. Der Wärmeverlust beläuft sich dann auf $I^2R = 4 \times 8 = 32$ Watt.

126.

Das Prinzip der Energieerhaltung wird nicht verletzt. Wenn die Kapazität C_2 geladen wird, geht ein Teil der Energie in Wärme über und erwärmt die Drähte. Ein Teil der Energie wird in Form von elektromagnetischen Wellen abgestrahlt.

Ist $C_1 = C_2$, so ist der Energieverlust stets gleich 50 Prozent – gleichgültig, wie groß der Widerstand der Leiter ist. (Dieser ist in unsere Betrachtung überhaupt nicht eingegangen.)

127.

Dieser Unterschied verdeutlicht eine der interessantesten Tatsachen über magnetische (und elektrische) Felder. Das Magnetfeld der Erde ist fast homogen entlang der Nadel. Das bedeutet, daß seine Stärke sowohl hinsichtlich ihres Betrages als auch hinsichtlich ihrer Richtung unverändert bleibt. Die Differenz zwischen den Enden der Nadel ist relativ klein im Vergleich zum Abstand zwischen den magnetischen Polen der Erde. Deshalb wird die vom Magnetfeld auf das eine Ende der Nadel ausgeübte Kraft durch diejenige, die es auf das andere Ende ausübt, praktisch aufgehoben. Die resultierende Kraft vermag bloß, die Nadel zu drehen. Sobald aber die Nadel dieselbe Richtung hat wie das Feld, verschwindet die resultierende Kraft ganz.

Im Unterschied hierzu ist das Feld eines Magneten in dessen Umgebung hochgradig heterogen. Deshalb sind die Kräfte, die das Feld auf die Nadel ausübt, unterschiedlich, und eine nicht verschwindende Resultierende ist die Folge.

128.

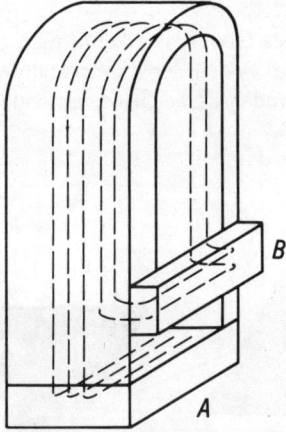

Wird der Stab A auf den Magneten gelegt, so werden einige Feldlinien seines Magnetfeldes durch den Stab B »kurzgeschlossen«, wie das die Abbildung andeutet. Hieraus ergibt sich, daß die Anzahl der Kraftlinien, die durch den Stab B hindurchgehen, stark verringert wird. Das schwächt die Anziehungskraft zwischen dem Magneten und Stab A, weshalb dieser sich löst.

129.

Es ist möglich, die Kugel auf die beschriebene Art und Weise zusammen-zusetzen. Man wird allerdings feststellen, daß die Kugel überhaupt nicht mehr magnetisch ist. Sobald sie zusammengefügt ist, wird sie demagne-tisiert.
Das läßt sich auch theoretisch einsehen: Die Kugel ist vollkommen sym-metrisch. Deshalb gehen durch jeden ihrer Punkte gleich viele einander entgegengesetzte magnetische Feldlinien, deren Effekte sich paarweise aufheben.

10. Licht in Sicht

130.

Der Spiegel besteht aus Glas. Das erkennt man an dem geringfügigen Abstand zwischen dem Boden der Kanne und dessen Spiegelbild. Die spiegelnde Schicht befindet sich bei den meisten gläsernen Spiegeln unter einer Glasplatte.

131.

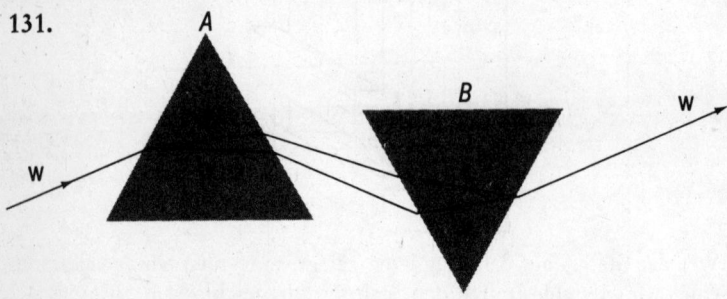

Nein, das ist nicht möglich. Das obige Diagramm verdeutlicht diese irrige Ansicht, die sich bis heute in vielen Lehrbüchern findet. Das untere Diagramm ist dagegen korrekt:

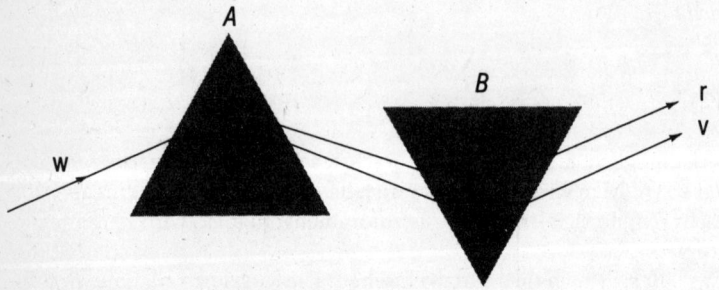

Die Wege des roten und des violetten Lichtes in Prisma B müssen parallel sein zu den entsprechenden Strahlen in Prisma A. Genau dasselbe wie im vorliegenden Fall geschieht, wenn Licht durch einen Glasblock mit parallelen Seitenflächen hindurchgeht. Der einzige Unterschied ist, daß die Rollen von Glas und Luft vertauscht sind.

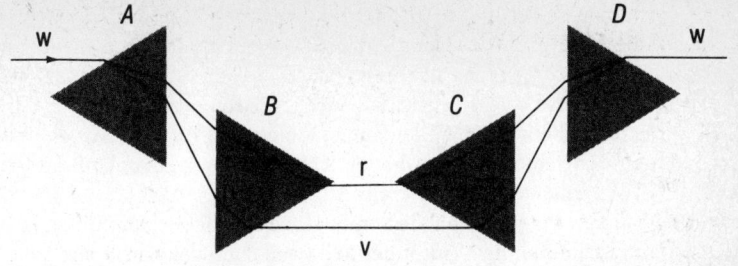

Das dritte Diagramm zeigt die einfachste Anordnung von insgesamt vier Prismen (A, B, C, D), die einen weißen Lichtstrahl vollständig zerlegt und ihn anschließend wieder vollständig zusammensetzt. Weder zwei noch drei Prismen reichen hierfür aus; es müssen mindestens vier sein.

(Die Buchstaben r und v in den Diagrammen beziehen sich auf rote und violette Strahlen, w auf weißes Licht.)

132.

Die Atmosphäre der Erde verhält sich wie ein riesiges Prisma. Sie reflektiert (oder bricht) die Komponenten des Sonnenlichtes, wobei die kurzen Wellenlängen (Violett, Blau) stärker gebrochen werden als die langwelligen (Rot, Orange, Gelb). Die Stärke der Dispersion des weißen Sonnenlichtes nimmt zu, wenn das Sonnenlicht, bevor es den Beobachter erreicht, durch mehr Luft hindurchgehen muß. Das ist bei Sonnenauf- und -untergang der Fall (vergleiche Abbildung).

Das Diagramm verdeutlicht, daß die kurzwelligen Bereiche stärker gebrochen werden. Deshalb sieht es so aus, als kämen sie von Stellen am Himmel her, die höher liegen als die entsprechenden Stellen bei langwelligem Licht. (Unser Blick setzt immer voraus, daß ein Lichtstrahl von einem Punkt herkommt, der auf der Tangente an der Bahn des Lichtstrahles liegt.)

Also befindet sich Violett am oberen, Rot am unteren Ende des Sonnenspektrums. Ist ein genügend großer Abschnitt der Sonnenscheibe über dem Horizont sichtbar, so überlagern sich die Wellen aus ihren verschiedenen Gebieten, und das Spektrum wird unsichtbar. Wenn die Sonne aber untergeht, sollten die Farben des Spektrums theoretisch eine nach der anderen verschwinden – zuerst das Rot und zuletzt das Violett. Allerdings sind noch zwei andere Effekte in der Atmosphäre in Betracht zu ziehen: die Absorption des Lichtes, die auf den Wasserdampf, den Sauerstoff und das Ozon zurückzuführen ist und die den größten Anteil des Orange und des Gelb verschluckt, sowie die Streuung des Lichtes, die vor allem die Bereiche kurzer Wellenlänge (Violett und Blau) in Mitleidenschaft zieht. Die einzige Farbe, die relativ ungeschoren davonkommt, ist das Grün: Es gelangt bis zu unserem Auge.

Der Blitz dauert länger, wenn die Sonne verhältnismäßig langsam untergeht – das ist überall im Winter der Fall (weil dann der scheinbare Weg der Sonne den kleinsten Winkel mit dem Horizont bildet) und zu jeder Zeit an den Polen. Im norwegischen Hammerfest, dessen nördliche Breite 79° beträgt, dauert der Blitz im Mittsommer 14 Minuten bis 7 Minuten beim Sonnenuntergang und weitere 7 Minuten beim unmittelbar darauffolgenden Sonnenaufgang.

133.

Die wichtigste Funktion des Teleskops in der Astronomie besteht darin, der Retina mehr Licht zu liefern, indem es die kleine Fläche der menschlichen Retina durch die große Fläche einer Linse (oder eines sphärischen Spiegels) ersetzt. Trifft ein Strom von Photonen (das sind Lichtpartikel), der von einem weit entfernten Stern stammt, auf die Erde, so ist die Anzahl der Photonen pro Flächeneinheit konstant. Deshalb empfängt ein großes Teleskop der Fläche A_1 A_1/A_2mal so viele Photonen wie ein Teleskop der Fläche A_2. Bezogen auf die entsprechenden Durchmesser d_1 und d_2, sammelt das große Teleskop d_1^2/d_2^2mal soviel Licht wie das kleine Teleskop. Das Teleskop auf dem Mount Palomar, dessen Durchmesser $d_1 = 5$ Meter beträgt, fängt rund 444000mal soviel Licht ein wie die menschliche Pupille ($d_2 = 0,75$ cm).

$$\frac{d_1^2}{d_2^2} = \frac{(500)^2}{(0,75)^2} = 444444,\overline{4}\ldots.$$

Definitionsgemäß ist ein Stern erster Größenklasse 100mal heller als ein Stern der sechsten Größenklasse. Das Verhältnis der Helligkeiten zweier benachbarter Größenklassen ist $(100)^{1/5} = 2,512\ldots$ Hat ein Stern der Größe m_1 die Intensität I_1 und ein anderer der Größe m_2 die Intensität I_2, so gilt:

$$\frac{I_1}{I_2} = 2{,}512^{(m_2 - m_1)}$$

und weiter

$$\log_{10} \frac{I_1}{I_2} = (m_2 - m_1) \times \log_{10} 2{,}521 \approx 0{,}4 \times (m_2 - m_1).$$

Also kann man durch ein Teleskop, dessen Fläche zehnmal größer ist als die eines anderen, Sterne sehen, die um 2,5 Größenklassen schwächer sind.

Ein weiterer Vorteil, den ein Teleskop bietet, ist sein größeres Auflösungsvermögen. Dieses wird durch die Formel

$$2{,}52 \times 10^5 \frac{\lambda}{d}$$

gegeben, wobei λ die Wellenlänge des Lichtes ist und d der Durchmesser des Teleskops. Allerdings wird dem Auflösungsvermögen durch die Atmosphäre eine enge Grenze gesetzt. Die kleinste Auflösung, die überhaupt möglich ist, beträgt 0,5 Bogensekunden. Diese wird von einem 30-cm-Teleskop erreicht. Größere Teleskope ergeben nur noch eine bessere Lichtausbeute.

134.

Regentropfen nehmen nur ideale Kugelgestalt an, wenn sie ausschließlich intermolekularen Kräften ausgesetzt sind. Die Kugelform minimiert die an der Oberflächenspannung gebundene Energie. Der Luftwiderstand beeinflußt die Oberflächen von Regentropfen zur typischen Regentropfengestalt. Die Überlegung aus der Problemstellung läßt sich auf solche Regentropfen nicht anwenden, weil die inneren Reibungsverhältnisse nicht an allen Punkten dieselben sind. Es ist durchaus möglich, daß ein Lichtstrahl in einem Punkt eines solchen Tropfens reflektiert wird, während er an einem anderen Punkt aus dem Tropfen austreten kann. Darüber hinaus gibt es keine vollständige innere Reflexion: Ein Teil der Energie dringt immer nach außen.

135.

Der Reflexionskoeffizient von Licht, das von einer Wasseroberfläche reflektiert wird, nimmt mit kleiner werdendem Einfallswinkel ab.

Schaut man senkrecht von oben auf die Wasseroberfläche, so sind die Lichtstrahlen, die man aufnimmt, unter einem sehr kleinen Winkel reflektiert worden. Die Strahlen, die von nahe dem Horizont herkommen, werden unter einem größeren Winkel reflektiert, weshalb weniger von ihnen absorbiert werden.

136.

Niemals. Die Farbe, wie wir sie wahrnehmen, hängt nicht von der Wellenlänge, sondern von der Frequenz der Schwingungen der Lichtwelle ab. Diese stimuliert den Sehnerv zu einer bestimmten Farbempfindung.
Die Frequenz ändert sich nicht, wenn das Licht von einem Medium in ein anderes übertritt. Die Formel in der Problemstellung läßt sich folgendermaßen umschreiben:

$$\frac{v_1}{\lambda_1} = \frac{v_2}{\lambda_2} \,.$$

Das bedeutet, das Verhältnis v/λ bleibt konstant. Dieses Verhältnis ist aber nichts anderes als die Frequenz.

137.

Rauch hat eigentlich keine Farbe. Die Farbempfindung eines Menschen hängt nicht nur von der Frequenz des von den Retina empfangenen Lichtes ab, sondern auch von psychologischen Faktoren wie Vorurteilen und Unkenntnis. Deshalb wird Papier, das allgemein als weiß gilt, auch als weiß empfunden – gleichgültig, ob es im Sonnenlicht oder im gelben Licht einer Kerze betrachtet wird. Andererseits kann ein Gewebe von unbekannter Farbe im Licht einer Glühbirne grünlich erscheinen, während es unter freiem Himmel bläulich aussieht. Die Farbe von Rauch, der hinsichtlich seiner Zusammensetzung von stark reflektierenden Teerteilchen bis zu hoch absorbierenden Rußteilchen reichen kann, hängt einerseits davon ab, wie seine Bestandteile das Licht reflektieren, andererseits von der Erfahrung des Betrachters. Rauchpartikel streuen Licht kurzer Wellenlänge (violett und blau) zur Seite hin. Aus diesem Grunde erscheint weißes Licht, das durch eine Rauchwolke hindurchgegangen ist, rötlich. Betrachtet man das Ganze von der Seite, so erscheint das Licht bläulich.

138.

Ja, diese Möglichkeit gibt es. Die reflektierte Landschaft wird so gesehen, wie sie sich einem Betrachter, der sich unterhalb der Wasseroberfläche befindet, darbieten würde. Der Punkt, an dem sich dieser befindet, hat denselben Abstand vom Wasserspiegel wie das Objektiv der Kamera.

139.

Die Brennweite des Auges wie auch jeder anderen Linse hängt von der Wellenlänge des Lichtes ab. Rotes Licht wird weniger stark gebrochen als blaues. Deshalb liegt der Brennpunkt bei rotem Licht weiter weg von der Linse und etwas hinter der Retina.
Folglich ist das entsprechende Bild auf der Retina leicht vergrößert.

140.

Feuchter Sand reflektiert weniger Licht. Das Licht dringt in das Wasser zwischen den Sandkörnern ein. Im Wasser macht es mehrere Reflexionen an den verschiedenen Wasseroberflächen mit und wird im Innern des Wassers absorbiert.

141.

Die undurchsichtigen Wände reflektieren stets mehr Licht als Fenster (die Licht einlassen).

142.

Metalle sind aber hervorragende Reflektoren im Infraroten (wie auch in allen anderen Wellenlängenbereichen). Deshalb stellt ein Metallumhang einen sehr effektiven Schutzschild gegen die von dem rotglühenden Metall abgestrahlte Hitze dar.

11. Raumschiff Erde

143.

Die Oberflächenspannung von Öl nimmt ab, wenn seine Dicke abnimmt. Die Abnahme geht bis in den Bereich von einem Millionstel Millimeter hinein. Wenn das Öl von dem Punkt wegläuft, an dem es ausgegossen wurde, so nimmt seine Fähigkeit zu, sich Bewegungen zu widersetzen, die seine Oberfläche vergrößern. Das Öl wird zu einer Art elastischer Membran, die das Meer niederdrückt.

144.

Meerwasser erzeugt mehr Schaum als Süßwasser. Das liegt vor allem an den im Meerwasser gelösten Stoffen, unter denen sich auch Spuren organischer Stoffe finden.
Schaum besteht aus Luftblasen, die voneinander durch dünne Flüssigkeitsfilme getrennt sind. Blasen aus Süßwasser, die kollidieren, vereinigen sich. Sind sie aber aus Salzwasser, so stoßen sie sich gegenseitig zurück. Aus diesem Grunde leben Salzwasserblasen länger.
Die meisten Meeresblasen entstehen aufgrund von Windeinflüssen, aber auch Regen oder Schnee kann zu Blasen führen. Die Blasen, die an der Küste zu finden sind, sind sehr klein; ihr Durchmesser ist meist geringer als ein halber Millimeter.

145.

Das liegt an der Corioliskraft. Diese Kraft, die von der Drehung der Erde hervorgerufen wird, führt dazu, daß alles auf der nördlichen Hemisphäre nach rechts von seiner Bewegungsrichtung abweicht. Der Wind, der in der Hauptsache das Wasser zur kalifornischen Küste treibt, kommt von Nordwesten. Daraus folgt, daß die Corioliskraft das Wasser von der Küste in südwestlicher Richtung wegtreibt. Der entstehende Fehlbetrag wird mit Wasser aus einigen hundert Meter Tiefe aufgefüllt. So bildet sich ein Streifen kühlen Wassers entlang der Küste. Der kalte Kalifornienstrom kommt vom Norden herunter und kühlt die Temperatur des Küstenwassers noch zusätzlich ab.

146.

Die zur Wand hin gelegene Seite ist einem kleineren Abschnitt des freien Himmels ausgesetzt als die von der Wand abgekehrte Seite. Deshalb wird die zur Wand gelegene Seite weniger durch Abstrahlung in den Himmel abkühlen als die abgelegene Seite, aus der demzufolge mehr Wasserdampf tritt.

147.

Der erste Grund ist, daß die dem Himmel zugewandten Seiten der Blätter Wärme nach oben abstrahlen. Zugleich wird Wärme aus dem Untergrund zu den Enden der Halme geleitet. Nun gibt es aber eine wirksame Isolationsschicht zwischen dem oberen und dem unteren Teil der Pflanzen, bestehend aus den Stengeln und der Luft dazwischen. Sie hindert die Wärme des Untergrundes daran, einfach aufzusteigen.
Zweitens geben Pflanzen Wasserdampf ab, der die Luft rings um die Pflanzen sättigt. In einer klaren, stillen Nacht kann die Temperatur im Gras leicht unter den Taupunkt sinken. Weil kalte Luft nicht so viel Wasserdampf enthalten kann wie warme, wird zusätzliches Wasser aus der Luft kondensieren und sich auf das Gras legen.

148.

Die Antarktis ist ein Kontinent. Land ist ein schlechter Wärmespeicher; es strahlt Wärme so schnell wie möglich ab. (Aus diesem Grunde sind die Winter im Innern eines Kontinents besonders hart.) Das arktische Eis dagegen befindet sich über einem Ozean. Wasser hat bekanntlich eine hohe Wärmekapazität: Zwar dauert es lange, bis es warm wird, aber dann verliert es seine Wärme nur langsam. Die Arktis speichert im Sommer Wärme und lebt im Winter von ihren »Vorräten«.

149.

Salz ist hygroskopisch, das bedeutet, es hat die Tendenz, Feuchtigkeit aus der Luft aufzunehmen. Wassermoleküle lagern sich an der Oberfläche von Salzkristallen ab und bilden Brücken zu den Nachbarkristallen. So wird das Salz klebrig.

150.

Kokskörbe unterbrechen die Temperaturinversion. Unter normalen Umständen nimmt die Temperatur mit der Höhe ab. Unter bestimmten Bedingungen jedoch kann es vorkommen, daß die Temperatur mit größerer Höhe zunimmt. Dieses Phänomen nennt man Temperaturumkehrung (Inversion).

In wolkenlosen Winternächten gibt die Oberfläche der Erde einen großen Teil ihrer Wärme in Form von Infrarotstrahlung ab. Die Temperatur der Oberfläche sinkt schnell. Dabei kühlen die unteren Luftschichten viel stärker ab als die oberen. Bei Sonnenaufgang kann der Frost – werden keine geeigneten Gegenmaßnahmen getroffen – einen ganzen Obstgarten zerstören.

In bewölkten Nächten dagegen wird die von der Erde abgestrahlte Infrarotstrahlung durch den Wasserdampf absorbiert und führt dort, noch bevor sie in die freie Atmosphäre entweichen kann, zu Tröpfchenbildung. Auf diese Weise geht nicht so viel Wärme verloren wie in einer wolkenlosen Nacht.

Ähnlich bildet sich um die Kokskörbe eine dichte Dampfschicht, die sich über die gesamte Oberfläche erstreckt und den Wärmeverlust durch Abstrahlung reduziert. Zusätzlich zu der leicht erhöhten Temperatur der Luft in Bodennähe rufen die Kokskörbe Konvektionsströme hervor, die die Inversionslage durchbrechen.

151.

Wir wollen annehmen, daß unser Wanderer sich noch daran erinnert, woher er gekommen ist. Also richtet er den Wegweiser so auf, daß der Arm richtig steht, der in die Richtung weist, aus der er gekommen ist: Die restlichen Schilder zeigen dann automatisch die richtigen Richtungen...

152.

Das ist am Nordpol der Fall. Jede Richtung – einschließlich derjenigen des magnetischen Pols – ist vom Nordpol aus gesehen südlich.

153.

Schnee auf dem nackten Boden wird durch Wärme, die aus dem Untergrund kommt, geschmolzen. Gras hat zwischen seinen Halmen genügend Luft, um den auf ihm liegenden Schnee vor der Wärme des Bodens zu schützen.

12. Das Universum

154.

Der Satellit wird beschleunigt!
Aus Gründen der Einfachheit wollen wir eine Kreisbahn betrachten.
Dann ist die Zentripetalkraft gleich der Anziehungskraft der Erde:

$$\frac{m\,v^2}{R} = G\,m\,\frac{M}{R}\,.$$

Daraus folgt für die Geschwindigkeit v des Satelliten:

$$v = \sqrt{\frac{G\,M}{R}}$$

wobei M die Erdmasse, m die Masse des Satelliten, G die Gravitationskonstante und R der Radius der Umlaufbahn ist. Also nimmt die Geschwindigkeit zu, wenn der Radius kleiner wird. Die Luftreibung bewirkt aber genau das – nämlich eine Verkleinerung des Umlaufradius.

155.

Am einfachsten ist es, einen Satelliten am Äquator in Drehrichtung der Erde (von West nach Ost) abzuschießen. Die Winkelgeschwindigkeit der Erde ergänzt hier nämlich die Geschwindigkeit, die der Rakete von ihren Triebwerken verliehen wird. Die tangentiale Geschwindigkeit, die von der Erddrehung stammt, ist am Äquator am größten.

156.

Die einfachste Möglichkeit besteht darin, ein Plastikgefäß oder irgendeinen anderen Behälter zu verwenden, der elastisch ist. Dann kann man nämlich die Flüssigkeit herausdrücken (ähnlich wie man es mit der Zahncreme in der Tube macht).
Eine andere Möglichkeit besteht darin, den Impulserhaltungssatz auszunutzen. Dieser gilt auch im Zustand der Schwerelosigkeit. Der Astronaut bringt hierzu die beiden Gefäße nahe zusammen, wobei er darauf achtet, daß die Öffnungen der beiden Gefäße nahe beieinanderliegen. Dann be-

wegt er die beiden Behälter heftig in die dem Ausgießen entgegengesetzte Richtung. Dabei nimmt die Flüssigkeit denselben Impuls an wie das Gefäß – allerdings in entgegengesetzter Richtung. Nun ist die Masse der Flüssigkeit größer als die des Behälters. Deshalb ist die Beschleunigung der Flüssigkeit kleiner als die des Gefäßes, also fließt die Flüssigkeit aus dem einen Gefäß heraus und in das andere hinein.

157.

Die Erde bewegt sich im Winter am schnellsten und im Sommer am langsamsten (auf der nördlichen Halbkugel). Die Umlaufbahn der Erde um die Sonne ist schwach elliptisch – was bewirkt, daß sich der Abstand zwischen Sonne und Erde ständig ändert. Es erscheint den Bewohnern der Nordhalbkugel paradox, aber die Erde ist im Winter der Sonne am nächsten und ist im Sommer am weitesten von ihr entfernt. Nach dem zweiten Keplerschen Gesetz ist die Fläche (pro Zeiteinheit), die vom Radiusvektor der Erde überstrichen wird, konstant. Um ein gleich großes Flächenstück überstreichen zu können, muß sich die Erde – befindet sie sich in der Nähe der Sonne – schneller bewegen.

158.

Das Wasser klettert an der Innenwand des Glases hoch, überquert den Rand und bedeckt schließlich sowohl die Innen- als auch die Außenseite des Glases.
Wasser benetzt Glas – gleichgültig, ob es gewichtslos ist oder nicht. Ist das Wasser seinem Gewicht nicht mehr unterworfen, so kann es ohne Schwierigkeit von den Adhäsionskräften zwischen Wasser und Glas angezogen werden.

159.

Die Insassen des Autos werden in Richtung der Kurvenaußenseite geschleudert, weil die Zentripetalbeschleunigung des Autos größer ist als die ihrige. Das Auto wird in Richtung Innenkurve durch die Reibungskraft zwischen Straße und Reifen beschleunigt, wohingegen die Insassen in dieselbe Richtung nur durch die Reibungskraft zwischen den Sitzen und ihren Körpern beschleunigt werden. Letztere ist aber klein, außer, wenn die Insassen angegurtet sind oder sich gegen die Seite gelehnt haben, die in Richtung der Außenkurve liegt.

Im Unterschied hierzu erfahren das Raumschiff und seine Insassen eine Zentripetalbeschleunigung nur durch die Erdanziehung. Das ist die einzige uns bekannte Kraft, die allen Körpern dieselbe Beschleunigung zukommen läßt, egal, welche Masse diese haben. (Sonst beschleunigt man, bei einem Stoß zum Beispiel, einen Gegenstand um so stärker, je geringer seine Masse ist.) Erleidet eine Masse m als Resultat der Anziehung durch einen Körper der Masse M eine Beschleunigung a, so gilt

$$m\,a = G\,\frac{M\,m}{r^2}\,.$$

(r ist der Abstand der beiden Massen und G die Gravitationskonstante.) Aus dieser Gleichung kürzt sich die Masse m heraus, und was übrigbleibt, ist unabhängig von m.

Weil das Schwerefeld der Erde dem Raumschiff und den Astronauten dieselbe Zentripetalbeschleunigung erteilt, erfahren die Astronauten bezüglich des Raumschiffes keine Beschleunigung.

160.

Man kann einen künstlichen Satelliten der Erde nur dann sehen, wenn er selbst über dem Horizont steht und von der unter dem Horizont befindlichen Sonne angestrahlt wird. Steht die Sonne aber sichtbar am Himmel, so leuchtet sie so stark, daß man den Satelliten nicht mehr erkennen kann.

161.

Auf der Erde erhitzen wir Wasser in erster Linie durch Konvektion. Das erhitzte Wasser auf dem Boden eines Kessels (und damit in unmittelbarer Nähe der Wärmequelle) steigt wegen seines geringeren Gewichtes nach oben. Das kalte Wasser, das sich ursprünglich darüber befunden hat, sinkt nach unten. Dort wird es erhitzt und wandert wieder hoch. Die entstehenden Konvektionsströme durchmischen warmes und kaltes Wasser in sehr effektiver Weise.

Unter Bedingungen der Schwerelosigkeit gibt es keine Konvektionsströme, weil es nichts Leichtes und nichts Schweres gibt. Das Wasser an der Oberfläche wird nur durch Wärme*leitung* erhitzt. Das ist ein Vorgang, der im Wasser sehr langsam abläuft.

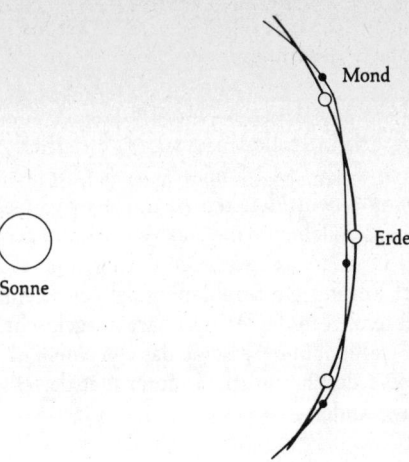

Ja, es ist etwas Grundsätzliches an dieser Zeichnung verkehrt. Die Bahn des Mondes um die Erde ist immer konkav zur Sonne. Der Weg des Mondes sieht wie ein reguläres 13-Eck aus, dessen Ecken leicht abgerundet sind. Eine Komponente der Mondgeschwindigkeit weist stets auf die Sonne.

163.

Wie wir bereits wissen (Antwort 159), ist die Beschleunigung, die Körper in einem Schwerefeld erfahren, unabhängig von ihrer Masse. Vergleichen wir also die Erde mit dem Mond, so ist der einzige hier relevante Unterschied ihr unterschiedlicher Abstand zur Sonne. Dieser Unterschied ist so gering, daß er vernachlässigt werden kann. Folglich sind die Bahnen der Erde und des Mondes um die Sonne in gleichem Maße gekrümmt, so daß ihr gegenseitiger Abstand praktisch unverändert bleibt.

164.

Sterne funkeln, während Planeten im allgemeinen mit einer konstanten Lichtstärke leuchten – außer, sie befinden sich nahe am Horizont.
Sterne sind so weit von uns entfernt, daß sie selbst in unseren stärksten Teleskopen bloß als Punkte erscheinen. Die mit bloßem Auge sichtbaren

Planeten sind dagegen so nahe, daß sie im Teleskop als Scheiben erscheinen. Der scheinbare Durchmesser der Venus beträgt 10 bis 65 Bogensekunden, während derjenige der uns am nächsten liegenden Sterne 0,05 Bogensekunden beträgt. (Um ein Gefühl für die genannten Größenverhältnisse zu entwickeln, sollte man sich klarmachen, daß der durchschnittliche Durchmesser des Mondes 31 Bogen*minuten* beträgt.)

Das Licht, das von einem Planeten zu uns gelangt, besteht aus vielen einzelnen Strahlenbündeln und nicht aus einem einzigen, wie das bei den Sternen der Fall ist. Das bedeutet, daß das Licht eines Planeten relativ gleichförmig ist: Kommt ein Strahlenbündel von einem Punkt her und wird von Interferenzen in der Atmosphäre ausgelöscht, so wird es von einem anderen Strahlenbündel ersetzt, das von einem nahe benachbarten Punkt kommt. Die durchschnittliche Intensität des Bildes auf unserer Retina bleibt unverändert.

165.

Zufällig ist die Umlaufzeit eines Satelliten in der erdnächsten Umlaufbahn (wo der Satellit die Atmosphäre gerade noch streift), die überhaupt möglich ist, 90 Minuten. Weil 90 Minuten genau ein Sechzehntel des Tages ist, wird der Standort des Satelliten nach 24 Stunden trotz der Rotation der Erde um ihre Achse fast unverändert erscheinen.

Register

FISCHER ✠ LOGO

FISCHER-LOGO-Leser sind: ■ ohne Berührungsängste vor dem Neuen ■ fasziniert, daß der Quantensprung so große Sprünge macht ■ Spieler und Denkspieler ■ Computerfans, naturwissenschaftlich orientiert, technologisch aufgeschlossen ■ interessiert an spannender wissenschaftlicher Belletristik und Phantastik.

Kompetente Wissenschaftler und Newcomer, die Fantasie und Wissen spielerisch verknüpfen, haben die Bücher geschrieben, die Sie lesen wollen:

Unterhaltungslogik: Mit Denkpirouetten, Paradoxien, Rätseleien und logischen Traumreisen werden Kopffüßlern die schönsten Fallgruben gebaut.

Computer-Denkspiele: Ein aktives und lehrreiches Vergnügen für alle, die sich mit ihrem Computer auf Entdeckungsreise ins Reich des Denkens und der Ästhetik begeben wollen.

Das spannende Sachbuch: In verblüffender, immer spannender ›Verkleidung‹ sind hier die facts ohne fiction der Naturwissenschaften präsentiert – für den Einsteiger offen, für den Profi fesselnder Lesestoff oder informativer Überblick.

Naturwissenschaftliche Belletristik: Romane und Erzählungen aus dem Reich der Naturwissenschaften – der Krimi, dessen Lösung in einer Mathematikaufgabe verschlüsselt ist, der Thriller über Kapitalverbrechen bei einem Physikerkongreß, der Roman vom Spion, der aus der Hypersphäre kam…

FISCHER TASCHENBUCH VERLAG

fi 1100 / 1a

FISCHER � L O G O

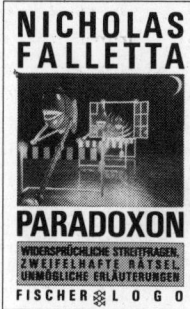

Band 8702

Band 8703

Band 8701

Band 8706

Band 8705

Band 8704

FISCHER TASCHENBUCH VERLAG

fi 1100/1b

FISCHER ✖ L O G O

FÜR DEN SPIELRAUM IM KOPF
Unterhaltungslogik

NICHOLAS FALLETTA
PARADOXON
Widersprüchliche Streit-
fragen, zweifelhafte Rätsel,
unmögliche Erläuterungen
Band 8702

Paradoxien – Last und Lust für
den Menschen von alters her,
Herausforderung für den Homo
ludens. Über 100 Kopfnüsse und
optische Täuschungen, von der
›Kaulquappe Amphibius‹ aus
der Antike bis zu den paradoxen
Lithografien eines M.C. Escher.

RAYMOND SMULLYAN
ALICE IM RÄTSELLAND
Phantastische Rätsel-
geschichten, abenteuer-
liche Fangfragen und
logische Traumreisen
Band 8701

›Alice im Rätselland‹ ist eine
poetische, humorvolle und fan-
tastische ›Mathematisierung‹
der traumhaften Alice im Wun-
derland (selbst Tochter des
Mathematikers Lewis Carroll):
Reisen durch die logischen
Tiefen unserer Welt im Kopf.

FISCHER TASCHENBUCH VERLAG

FI 1080/1